AMERICA COLLEGE STUDENT MATHEMATICS COMPETITION TESTS FROM THE FIRST TO THE LAST (VOLUME 4)

历届美国大学生数学竞赛试题集

1970～1979 第4卷

刘培杰数学工作室 组织编译

冯贝叶 许康 侯晋川 等 编译

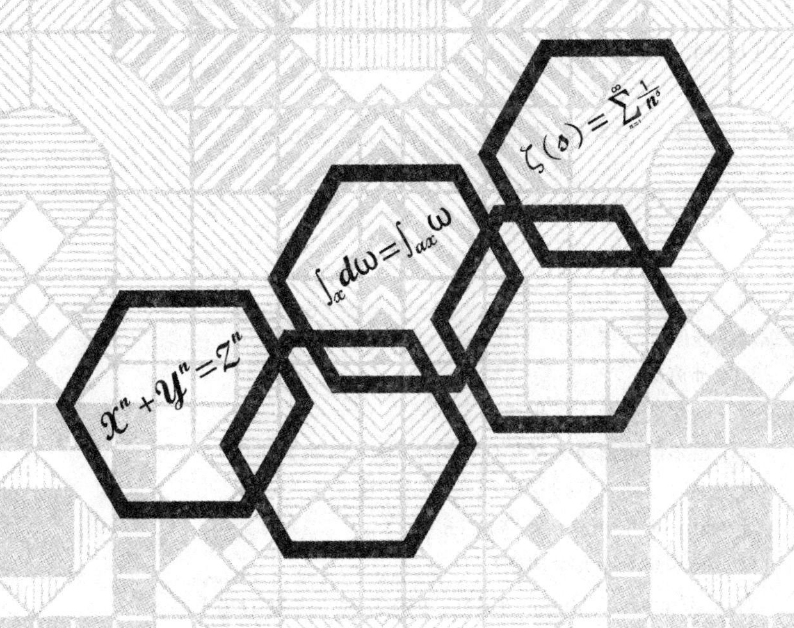

哈爾濱工業大學出版社
HARBIN INSTITUTE OF TECHNOLOGY PRESS

内 容 简 介

本书共分两编：第一编试题，共包括第31～40届美国大学生数学竞赛试题及解答；第二编背景介绍，主要介绍了Mendeleev问题、函数唯一性理论以及不动点问题。

本书适合于数学奥林匹克竞赛选手和教练员、高等院校相关专业研究人员及数学爱好者使用。

图书在版编目(CIP)数据

历届美国大学生数学竞赛试题集．第4卷，1970～1979/刘培杰数学工作室等编译．—哈尔滨：哈尔滨工业大学出版社，2015.1

ISBN 978-7-5603-5084-4

Ⅰ．①历…　Ⅱ．①刘…　Ⅲ．①高等数学－高等学校－竞赛题

Ⅳ．①O13-44

中国版本图书馆CIP数据核字(2014)第296354号

策划编辑　刘培杰　张永芹
责任编辑　张永芹　钱辰琛
封面设计　孙茵艾
出版发行　哈尔滨工业大学出版社
社　　址　哈尔滨市南岗区复华四道街10号　邮编150006
传　　真　0451－86414749
网　　址　http://hitpress.hit.edu.cn
印　　刷　哈尔滨工业大学印刷厂
开　　本　787mm×1092mm　1/16　印张7.75　字数189千字
版　　次　2015年1月第1版　2015年1月第1次印刷
书　　号　ISBN 978-7-5603-5084-4
定　　价　18.00元

前言

美国大学生数学竞赛又名普特南竞赛,全称是威廉·洛厄尔·普特南数学竞赛,是美国及整个北美地区大学低年级学生参加的一项高水平赛事.

威廉·洛厄尔·普特南(William Lowell Putnum)曾任哈佛大学校长(自1640年以来,哈佛大学只有28位校长,而美国建国比哈佛建校大约晚了将近140年,却已经有了44位总统),1933年退休,1935年逝世.他留下了一笔基金,两个儿子就与全家的挚友美国著名数学家G·D·伯克霍夫[①]商量,举办一个数学竞赛,伯克霍夫强调说:"再没有一个学科能比数学更易于通过考试来测定能力了."首届竞赛在1938年举行,以后除了1943~1945年因第二次世界大战停了两年,其余一般都在每年的十一二月份举行.

这个竞赛是美国数学会具体组织的,为了保证竞赛的质量,组委会特组成了一个三人委员会主持其事,三位委员是:波利亚[②],著名数学家,数学教育家,数学解题方法论的开拓者,曾主办过延续多年的斯坦福大学数学竞赛(此项赛事中国有介绍,见科学出版社出版的由中国科学院陆柱家研究员翻译的《斯坦福大学数学天才测试》);拉多[③],匈牙利数学竞赛

① 伯克霍夫(Birkhoff George David,1884—1944),美国数学家,1884年3月21日生于密歇根,祖籍是荷兰.1912年起任哈佛大学教授,后来一直生活在坎布里奇(即哈佛大学所在地).他是美国国家科学院院士,1944年11月12日逝世.

② 波利亚(Pólya George,1887—1985),美籍匈牙利数学家,1887年12月13日出生于匈牙利的布达佩斯.在中学时代,波利亚就显示了突出的数学才能.他先后在布达佩斯、维也纳、哥廷根、巴黎等地学习数学、物理学、哲学等.1912年在布达佩斯的约特沃斯·洛伦得大学获哲学博士学位,1914年在瑞士苏黎世的联邦理工学院任教,1928年成为教授,1938年任院长.1940年移居美国,在布朗大学任教,1942年起在斯坦福大学任教.1985年9月7日在美国病逝,终年98岁.

③ 拉多(Radó,Tibor,1895—1965),匈牙利数学家.生于匈牙利的布达佩斯,卒于美国佛罗里达州的新士麦那比奇.

的早期优胜者,对单复变函数、测度论有重大贡献,曾与道格拉斯同时独立地解决了极小曲面的普拉托(Plateau)问题;卡普兰斯基[①],著名的代数学家,第一届普特南竞赛的优胜者.

普特南竞赛的优胜者中日后成名者众多,其中有五人获得了菲尔兹奖:米尔诺[②]、曼福德[③]、奎伦[④]、科恩[⑤]、汤普森[⑥].诺贝尔物理学奖得主中参加过普特南竞赛并获奖的有:Kenneth G. Wilso, Richard Feynman, Steven Weinberg, Murray Gell-Mann.以奥斯卡获奖影片《美丽心灵》而被国人广为知晓的诺贝尔经济学奖得主约翰·纳什以极大的失望在1947年147位参赛者中名列前10名.难怪有人说:伯克霍夫父子(儿子B·伯克霍夫也是当代活跃的数学家)是普特南家族的密友,这一点是美国低年级大学数学事业的幸运.

这项赛事,题目多出自名家之手,难度很大,质量颇高,受全球数学界所瞩目,历年来仅有3位选手获得过满分(一个在1987年,两个在1988年,1987年的满分由David Moews得到),其中一位是台湾当年的留学生后成长为哈佛大学统计学教授的吴大峻先生,可见华人数学能力之强.

西风东渐,数学竞赛作为西方数学的一种形态也被引入中国,尽管我们有些数学史家喜欢将明代程大位之《算法统宗》中的一幅木刻插图《师生问难图》当作最早的数学竞赛在中国之证据(这幅图在世界上流传甚广,2008年法兰克福图书博览会会场外的旧书摊上笔者见到了一本讲数学计数及进位制历史的德文版图书,此图赫然纸上),但那只是雏形.但今天中国确实已经成为了一个中小学数学竞赛大国.从"华罗庚金杯"到"希望杯",从初中联赛到高中联赛,从CMO到IMO层次众多,体系完备.全国大学生数学竞赛也曾经搞过十届(见许以超,陆柱家等编的《全国大学生数学夏令营数学竞赛试题及解答》).

其实普特南竞赛可以看成是IMO的延伸,以第42届IMO

---

① 卡普兰斯基(Kaplanski Irving,1917—　),美国数学家,1917年3月22日出生于加拿大多伦多,祖籍波兰,父母于第一次世界大战前移居加拿大,1938年在多伦多大学获硕士学位,1941年获哈佛大学博士学位,并留校任教,1975年任美国数学会副主席,1985～1986年任主席,1966年被选为美国国家科学院院士.

② 米尔诺(Milnor John Willard,1931—　),美国著名数学家,1931年2月20日生于新泽西州奥伦治,他在中学时就是一位数学奇才,1951年毕业于普林斯顿大学,1954年获博士学位,并留校任教,60年代末成为普林斯顿高等研究院教授,他是美国国家科学院院士,美国数学会副会长.

③ 曼福德(Mumford David Bryant,1937—　),美籍英国数学家,1937年6月11日生于撒塞克斯郡.16岁上哈佛大学,1961年获博士学位,1967年起任哈佛大学教授.1974年获菲尔兹奖.

④ 奎伦(Quillen Daniel,1940—　),美国数学家,1940年4月22日生于新泽西州奥林治,1969年起任麻省理工学院教授,他是美国国家科学院院士.

⑤ 科恩(Cohen Paul Joseph,1934—　),美国数学家.生于新泽西州,毕业于芝加哥大学,1954年获硕士学位,1958年获博士学位,1966年获菲尔兹奖.

⑥ 汤普森(Thompson John Griggs,1932—　),美国数学家,1955年获耶鲁大学学士学位,1959年获芝加哥大学博士学位,1970年获菲尔兹奖,1992年获沃尔夫奖,同年被法国科学院授予庞加莱金质奖章.此奖章只在特殊情况下才颁发,到目前为止只有3人获此殊荣,前两人是J·阿达马(1962年)和P·德利涅(1974年).

美国队获奖者为例，其中IMO历史上唯一一位连续4年获得金牌且最后一年以满分获金牌的里德·巴顿在参加完IMO之后的秋天进入了麻省理工学院，那年12月(与42届IMO同年)他参加了普特南竞赛，在竞赛中，他获得前5名(前5名中个人的名次没有公开)，而他所在的麻省理工学院代表队仅次于哈佛大学代表队，获得了第2名.

另外一位第42届IMO满分金牌得主(此次IMO共4名选手获满分，另两位是中国选手)加布里埃尔·卡罗尔也在同一年作为大一新生加入了哈佛大学普特南竞赛代表队，并且在竞赛中也获得了个人前5名.

这项赛事的成功是与哈佛大学的成功相伴的，普特南数学竞赛始于西点军校与美国哈佛大学的一场球赛，所以要真正了解此项赛事就必须对这两所名校有所认识，特别是哈佛大学.

17世纪初的英国，宗教斗争十分激烈，"清教徒"处境艰难，他们陷入两难境地，既不愿抛弃自己的信仰，又不愿拿起武器同当时的国王宣战，最后只能选择背井离乡，远涉重洋，去美洲开辟自己的理想之国.从1620年"五月花号"运载的200名"清教徒"到达美洲，到1630年在新英格兰的"新教徒"已多达2万之众.

当他们历尽艰辛建起了美国的教堂之后，一个问题随之出现，"当我们这一代传教士命归黄泉之后，我们的教堂会不会落入那些不学无术的牧师手里?"因为在这些清教徒中，有100多人是牛津、剑桥大学毕业的，他们一直在考虑怎样使"我们的后人也受到同样的教育?"于是他们决心在荒凉的新英格兰兴起一座剑桥式的高等学校，它的使命是"促进学术，留传后人".

1636年10月28日马萨诸塞州议会作出决议:拨款400英镑兴办一所学校，后人便把此日定为这所学校的诞生日，次年11月5日，州议会命名学校的所在地为"坎布里奇"，校名为"坎布里奇学院".

在这坎布里奇附近有个小镇，镇上有个牧师叫约翰·哈佛，他是1635年剑桥伊曼纽学院的文学硕士，他来到这镇上不过一两年，便因肺结核去世，临终遗嘱，把一半家产和400册藏书捐赠给坎布里奇学院，这一半遗产是779英镑17先令2便士，是州议会拨款的近2倍，而那400册藏书，在今天看来并不算什么，但以当时的出版之难，以新英格兰离欧洲文化中心之远，堪称可贵.因有这一慷慨遗赠，州议会遂于1639年

3月13日把学院改名为“哈佛学院”，这就是哈佛大学的肇始.

2万“清教徒”，在荒凉的北美洲东海岸，办起一座剑桥式的学院，兴起一座文化城，它至今仍叫“坎布里奇”，这地名，凝结着“清教徒”的去国怀乡之情；那校名，体现了“清教徒”的莫大雄心：“把古老大学的传统移植于荒莽的丛林.”

数学在早期“哈佛”中并非重点，在1640年亨利·邓斯特受命为“哈佛”第一任院长时，他遵照古老大学的模式，在设置希伯来、叙利亚、亚拉姆、希腊、拉丁等古代语和古典人文学科之外，还设置了逻辑、数学和自然科学课程，并在1727年设立了数学和自然哲学的教授席，在设立之时，就宣称：“《圣经》在科学上并无权威，当事实被数学、观察和实验证明的时候，《圣经》不应与事实冲突.”可是宣言只是一种倾向，它在很长的一段时期里没有成为主流，“哈佛”仍旧沿着古老大学的传统生长，重点还在古典人文学科.

哈佛大学理科的振兴是从昆西开始的，昆西是1829年在浓厚的守旧气氛中上台的，为了名正言顺地实施振兴计划，他开始寻找根据，在1643年的档案中他找到了哈佛的印章设计图，那设计的印章上赫然有个拉丁词：Veritas(真理). 这是业经董事会通过的，但一直为什么没用，无从考查，但是它给昆西带来启示：追求真理，这不正是大学的最高目标吗？他把这一发现反映给董事会，要求把这个拉丁词铸到印章上去，恢复“清教徒”的理想，但在1836年，他的要求未获通过，直到1885年才正式成为哈佛印章的标记.

哈佛大学从20世纪初至今一直是世界数学的中心之一，也是美国数学的重镇. 看一看曾经和现在数学系教授的明星阵容就可知其分量：阿尔福斯，1946～1977年任哈佛大学教授，菲尔兹奖和沃尔夫奖的双奖得主；伯格曼(Bergman, 1898—1977)1945～1951年在哈佛任讲师；伯克霍夫(Birkhoff Garrett, 1911—1996)1936～1981年在哈佛大学任教；G·D·伯克霍夫(Birkhoff George David, 1884—1944)1912年后在哈佛大学；博特(Bott Raoul, 1923—　)1959年后在哈佛大学；布饶尔(Bruuer Richurd Dagobert, 1901—1977)1952年起在哈佛大学；希尔(Hille Curl Einar, 1894—1980)1921～1922年任教于哈佛大学；卡兹当(Kazdan Jerry Lawrence, 1937—　)1963～1966年在哈佛大学任讲师；瑞卡特(Rickart, Charles Eurl, 1913—　)1941～1943年在哈佛大学任助教；马库斯(Markus Lawrence J., 1922—　) 1951 ～ 1952

年在哈佛大学任讲师；莫尔斯(Morse Harold Marston，1892—1977)1926～1935年任教于哈佛大学；莫斯特勒(Mosteller Frederick，1916—)1946年任教于哈佛大学；丘成桐(Yau Shing-Tung，1949—)1983年起任教于哈佛大学；沃尔什(Walsh，Joseph Leonard，1895—1973)1921～1966年任教于哈佛大学.

在世界大学生数学竞赛中有两大强国：一是美国，二是苏联，对于后者也已请湖南大学的许康教授为我们数学工作室编译一本《前苏联大学生数学奥林匹克竞赛题解》，但我们首先要介绍的是美国，因为从20世纪开始，世界数学的中心就已经从德国移到了美国. 1987年10月24日日本著名数学家志贺浩二在日本新潟市举行的北陆四县数学教育大会高中分会上以"最近的数学空气"为题发表了演讲，其中特别提到了美国数学的兴起，他说：

"与整个历史的潮流相同，在数学方面，美国的存在也值得大书特书，在第二次世界大战的风暴中，优秀的数学家接连不断地从欧洲移居到能够比较平静地继续进行研究的美国，特别是犹太人，他们擅长数学的创造性，人们以为，数学史上大部分实质性的进步是由犹太人取得的. 由于纳粹的镇压，许多犹太血统的数学家逃到了美国. 于是，美国社会就出现了现在这种数学的全新面貌，可以说浑然一体的数学社会诞生了. 到20世纪前半叶为止的欧洲，权威思想常常有社会观念作背景，数学也在和哲学权威、大学权威、国家权威等错综复杂地互相作用的同时，来保持数学学科的权威，高木(贞治)赴德时，以希尔伯特为中心的哥廷根(Göttingen)大学的权威俨然存在；1918年独立后的波兰，在独立的同时，新兴数学的气势好像象征国家希望似的日益高涨.

"然而，由于从欧洲各国来的数学家汇集美国社会，还由于美国社会心平气和地接受了他们. 所以，一直支撑学术的大学或国家的权威至今已一并崩溃，整个数学恰与今天的美国社会一样成了浑然一体. 美国社会可以说是某种混合体似的社会，具有使每个人利用各自的力量激烈竞争而生存下去的形态，从中也就产生了领导世界的巨大的数学社会，这当然是于20世纪后半叶在数学社会中发生的新现象."

按照社会学的研究,任何社会都是分层的,而各层之间是需要流动的,流动通道是否畅通决定了一个国家的兴衰.青年阶段是人生上升的最重要阶段,社会留给他们怎样的上升通道决定于整个社会对人才的认识与需求,曹雪芹的时代就是科举,而于连的时代是选择红与黑(主教与军官),而当今社会大多数国家普遍选择教育,特别是高等教育来作为人生进阶的手段,这当然是世界各国的共识,也是大趋势.

英国小说家萨克雷(Thackeray,1811—1863)曾写过多篇讽刺上层社会的作品,如长篇小说《名利场》《潘登尼斯》,在其作品中描述了一种大学里的势利小人(University snobs),他们是这样的一种人:“他在估量事物的时候远离了事物的真实、内在价值,而是迷惑于外在的财富、权力或地位所带来的利益.当然存在这样的小人,他们会匍匐在那些财富、权力或地位占有者的脚下,而那些优越的人也会俯视着这些没有他们幸运的家伙,在美国东部的某些学院中,阿谀权贵家庭的情况的确存在,但并没有走到危险的地步.我们大学里那些豪华的学生宿舍和俱乐部表明铺张浪费、挥霍钱财的情况确实存在,但是就整体而言,美国大学中对财富的势利做法相对比较少;这一类的做法已经遍及全国,连低级杂志给富人揭短反而也助长了读者的势利心态,想到这一点,也许我们更该知足了罢.在我们的大学中还有一种愿望同样值得称赞,那就是让每个人都得到一次机会,事实上,大学院系中更具人道主义精神的成员们很乐于浪费他们的精力,力图根据学生的能力而不仅是他们的出身来提携学生,使他们超越自己原来所属的层次.”([美]欧文·白壁德著.文学与美国的大学.张沛,张源,译.北京:北京大学出版社,2004:51)

解决这一弊端的一个好办法就是在大路上再修一条快速通过的小路,除正面楼梯外再给天才们留一个后楼梯,那就是竞赛.

那么为什么偏偏选择数学竞赛这种方式呢?

日裔美国物理学家加来道雄(Michio Kaku)在其科普新作《平行宇宙》(*Parallel Worlds*)中指出:“在历史上,宇宙学家因名声不是太好而感到痛苦.他们满怀激情所提出的有关宇宙的宏伟理论仅仅符合他们的一点可怜的数据,正如诺贝尔奖获得者列夫·兰道(Lev Landau)所讽刺的:‘宇宙学家常常是错误的,但从不被怀疑.’科学界有句格言:‘思索,更多的思索,这就是宇宙学.’”

在整个宇宙学的历史中,由于可靠数据太少,导致天文学家的长期的不和和痛苦,他们常常几十年愤愤不平.例如,就在威尔逊山天文台的天文学家艾伦·桑德奇(Allan Sandage)打算做一篇有关宇宙年龄的讲演前,先前的发言者辛辣地说:"你们下一个要听到的全是错的."当桑德奇听到反对他的人赢得了很多听众,他咆哮着说:"那是一派胡言乱语,它是战争——它是战争!"

想一想连素以自然科学自居的天文学的大家之间都很难达成共识,其他学科可想而知,所以要想客观,要想权威,要想公正,数学竞赛是一个不错的选择,当然围棋也可以,不过那种选拔只能是手工作坊式,无法大面积批量"生产人才".历史总会选择能够大规模、低成本的生产方式,包括选拔人才.商务印书馆创始人张元济先生舍弃地位显赫的公学校长一职而转投当时尚为"街道小厂"的商务印书馆时,所有的人都不理解,后来他才告诉大家因为出版之影响远胜于教育,因为它可快速批量复制.以当时中国的人口规模而言,商务印书馆所发行的课本近一亿册,不能不令人惊叹.

数学竞赛无疑是为了选拔和发现精英的,我们不妨关注一下世界最顶尖的精英集合——诺贝尔自然科学奖获得者团体.2014年的诺贝尔自然科学奖评选已揭晓,领奖台上又多是欧美科学家,中国科学家再次沦为看客.曾有学者做过统计,一个具有一定的经济基础和科学实力的国家,自革命胜利或独立后三四十年内,一般会出现一名诺贝尔自然科学奖获得者,例如,巴基斯坦是29年,印度是30年,苏联是39年,捷克是41年,波兰是46年,而我们已经建国65年了,还没有实现零的突破,这已被人们称为当代的"李约瑟难题",这种零诺贝尔自然科学奖现象的出现大学有不可推卸的责任.从外表上看,中外大学生都在忙着学知识,但实质上动机有所不同,就像围棋界中既有大竹英雄、武宫正树那样的"求道派",也有坂田荣男、小林光一那样的"求胜派"一样.北京大学教授陈平原在《大学何为》中指出:"总的感觉是,目前中国的大学太实际了,没有超越职业训练的想象力.校长如此,教授如此,学生也不例外."

以大学生数学竞赛为例,本来数学竞赛是用以发现具有数学天赋的数学拔尖人才的一种选拔方式,但在中国却早已蜕变为另一场研究生入学考试,试题极其相近,风格极其相似,一路对高深数学的探索之旅早已演变成追求职业功名的器物之用,而且现在出版的此类图书早已将两者合二为一了,比如笔者手边的一本《大学生数学竞赛试题研究生入学数学考试难题解析选编》即是如此.于是,两类目的不同,风格应该迥异的考试就这样“融合了”,所以人们现在格外关注大学精神.

有人把大学的精神境界分为三类:第一类,追求永恒之物,如真理(西方文化里的上帝);第二类,追求比较稳定的事物,如公平、正义、知识等;第三类,追求变化无常的事物,如有用、时尚等,美国一些重点大学一般追求的是第一、二类价值.以2007年美国大学排名的前4位的校训为佐证:普林斯顿大学Under God's power she flourishes (拉丁语:Dei Subnumine viget),即借上帝之神力而盛;哈佛大学:Truth(拉丁语:Veritas),即真理;耶鲁大学:Light and truth (拉丁语:Lux et veritas),即光明与真理;加州理工学院:The truth shall make you free,即真理使人自由.

王国维的《人间词话》是这样开篇的:“词以境界为最上.有境界,则自成高格,自有名句.”

在2002年的Newsweek International上Sarah Schafer以Solving for Creativity为题发表文章说:“(中国大学教育的)这种平庸性可能会削弱中国的技术抱负,这个国家希望不只是一个世界工厂,北京希望自己的高技术中心能与硅谷相匹敌,但是许多最伟大的创新来自于在实验室中从事纯粹研究的学者,当然,一个到处都是中学数学精英的国家可以为世界提供数以百万计的合格的电脑程序员.但是如果中国真的想成为一个高科技的竞争者,那么中国学生就必须能够创造尖端技术,而不是简单地服务于它.”

有人提出现在在中国大学中数学建模大赛日盛,将来能否有一天纯数学竞赛被其取代.对于这种疑问我们可以肯定地说:“在可预见的将来不会,因为就像纯数学永远不可能被应用数学取代一样.”

陆启铿先生在庆祝中科院理论物理所建所30周年大会上的讲话中谈到了一个关于应用的例子.

1959年陆启铿先生受华罗庚先生委托,接受了程民德先生的邀请到北京大学数学系为五年级学生开设一个多复变函数课程的任务.“大跃进”运动一来,北大提出了“打倒欧家店,火烧柯西楼”的口号,多复变中也有柯西公式,因而也被波及.学生们质问陆先生:“多复变是如何产生的?”陆先生说:“最初是由推广单复变数的一些结果产生的.”学生们又问:“多复变有什么实际应用?”陆先生说:“到目前为止还不知道.”学生们说:“毛主席教导我们说,真正的理论是从实际中来,又可以反过来指导实际，多复变违反了毛主席对理论的论述，它不是科学的理论；换句话说，是伪科学."

陆先生为此受到很大的压力，后来直到参加了张宗燧先生的色散关系讨论班中才知道了多复变可用于色散关系的证明，就是 Bogo Luibov 的劈边定理(edge of wedge theorem)，也知道未来光锥的管域，就是华罗庚的第四类典型域. 纯数学是应用数学的上游，是本与末的关系. 美国高等研究院(Institute of Advanced Study，简记为 IAS)的 Armand Borel 教授将数学比作冰山，他说：

"露在水面以上的冰峰，即可以看到的部分，就是我们称为应用数学的部分，在那里仆人在勤勉、辛苦地履行自身的职责，隐藏在水下的部分是主体数学或纯粹数学，它并不在大众的接触范围之内，大多数人只能看到冰峰，但他们并没有意识到，如果没有如此巨大的部分奠基于水下，冰峰又怎能存在呢？"

其实数学在整个社会文化知识体系中也是大多处于水下部分，但这一点已被更多的人发觉. 江苏教育出版社的胡晋宾和南京师范大学附中的刘洪璐注意过一个有趣的现象，那就是国内许多大学的校长(包括现任的、离任的，以及正职、副职)都是数学专业出身. 具体见下表.

数学家	所在大学
熊庆来	云南大学
何 鲁	重庆大学(安徽大学)
华罗庚	中国科技大学
苏步青	复旦大学
柯 召	四川大学
吴大任	南开大学
钱伟长	上海大学
丁石孙	北京大学
齐民友	武汉大学
胡国定	南开大学
谷超豪	复旦大学(中国科技大学)
伍卓群	吉林大学
龚 升	中国科技大学

续表

数学家	所在大学
潘承洞	山东大学
王梓坤	北京师范大学
黄启昌	东北师范大学
李岳生	中山大学
梅向明	首都师范大学
陈重穆	西南师范大学
王国俊	陕西师范大学
管梅谷	山东师范大学
李大潜	复旦大学
刘应明	四川大学
张楚廷	湖南师范大学
陆善镇	北京师范大学
陈述涛	哈尔滨师范大学
侯自新	南开大学
王建磐	华东师范大学
程崇庆	南京大学
宋永忠	南京师范大学
黄达人	中山大学
程　艺	中国科技大学
叶向东	中国科技大学
史宁中	东北师范大学
展　涛	山东大学
竺苗龙	青岛大学
庾建设	广州大学
陈叔平	贵州大学
吴传喜	湖北大学

据不完全统计共39位，正如胡、刘两位所分析：这个现象与数学学科的育人价值有关系. 苏联数学家A·D·亚历山大洛夫认为，数学具有抽象性、严谨性和广泛应用性，以此推断，数学的抽象性能够使得数学家在校长的岗位上容易抓住纷繁芜杂事务背后的本质，并对之进行宏观调控，实现抓大放小和有的放矢. 数学学习讲究原则，数学推理遵循公理，数学思维严谨缜密，这些使得人们对数学家的为人处世的客观性和公正性有较好的口碑，因而更加具有社会基础. 学习数学的人具有较强的逻辑思维能力，务实能力强，因而做行政工作时执行力强，更加有条不紊. 数学的应用广泛性，也功不可没. 数学学习中经历的思想、精神和方法具有较强的迁移作用，能够为担任校长职务锦上添花；现在的许多大学规模宏大，人员众

多,校长面临的许多问题或许会用到数学的思想、方法和技术,因为数学已经从幕后走到台前,渗透到社会生活的方方面面,正因如此,数学家相对而言更加胜任大学校长的角色.

本书的编写也体现了我们对美国高等数学教育的欣赏.

美国人对数学的热情与重视可从下面的两件小事中得以反映.

第一件事是1963年9月6日晚上8点,当第23个梅森素数 $M_{11\,213}$ 通过大型计算机被找到时,美国广播公司(ABC)中断了正常的节目播放,以第一时间发布了这一重要消息.发现这一素数的美国伊利诺伊大学数学系全体师生感到无比骄傲,为了让全世界都分享这一成果,以至于把所有从系里发出的信件都盖上了"$2^{11\,213}-1$ is prime"($2^{11\,213}-1$ 是个素数)的邮戳.

第二件事是1933年的大学生数学竞赛中西点军校的代表队打败了哈佛大学代表队,一位军校生获得了个人最高分,报纸报道了军队的胜利,并且西点军校队收到了陆军参谋长道格拉斯·麦克阿瑟(Douglas MacArthur,曾以94.18的平均成绩获西点军校自他以前25年来的最高分,此人在抗美援朝战争中被国人知晓)将军的一封特殊的贺信.

有一份报告(National Research Council (NRC), Educating mathematical Scientists: Doctoral Study and the postdoctoral experience in the United States, National Academy Press, 1992)指出:

> "美国教育制度的主要长处之一就是其多样性.在任何水平——博士(博士后),大学、中学和小学——都不能强加单一的教育范例,不同的教学计划都可能达到同样的目标,这种教育制度鼓励创新以及满足专业和国家需要的当地解决办法的研究,然后这种当地解决办法就会传播开,从而改进所有地方的教育."

这些正是我们要思考、研究和借鉴的!

刘培杰

2014年10月1日于哈工大

目录

第一编　试题　//　1

美国大学生数学竞赛简介　//　3

1　引言　//　3

2　代表队的表现　//　4

3　参赛者的成绩　//　6

4　普特南名人录　//　7

5　结论　//　8

第 31 届美国大学生数学竞赛　//　9

第 32 届美国大学生数学竞赛　//　15

第 33 届美国大学生数学竞赛　//　22

第 34 届美国大学生数学竞赛　//　30

第 35 届美国大学生数学竞赛　//　37

第 36 届美国大学生数学竞赛　//　44

第 37 届美国大学生数学竞赛　//　51

第 38 届美国大学生数学竞赛　//　58

第 39 届美国大学生数学竞赛　//　65

第 40 届美国大学生数学竞赛　//　73

第二编　背景介绍 // 79

Mendeleev 问题 // 81

1 引言 // 81

2 A. A. Markoff 定理 // 81

3 E. V. Voronovskaya 定理 // 83

4 参考文献 // 84

函数唯一性理论 // 85

不动点问题 // 87

后记 // 91

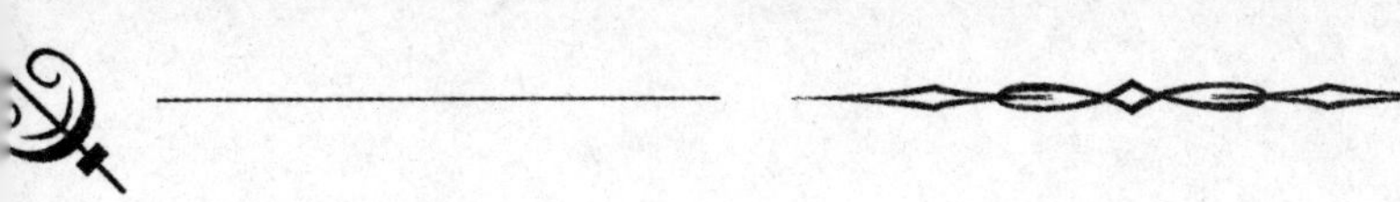

第一编

试题

美国大学生数学竞赛简介①

1 引 言

美国大学生数学竞赛(普特南数学竞赛)每年举行一次,对象是美国和加拿大的低年级数学本科生.第一届美国大学生数学竞赛于1938年举行,但其前身为1933年举行的10名Harvard大学的学生和10名美国西点军校的学生之间的一次数学竞赛.那次竞赛是Elizabeth Lowell Putnam为了纪念其已故的丈夫William Lowell Putnam而资助的,W.L.Putnam是Harvard大学1882级的学生.那次竞赛举行得如此成功,以至有了一个举行年度竞赛的计划,所有感兴趣的大学、学院都可以参加.1938年,美国数学协会(the Mathematical Association of America)资助了第一届官方的美国大学生数学竞赛.Harvard大学数学系成员准备了试题并评分,而Harvard大学的学生被排除在第一年的竞赛之外.竞赛分个人竞赛和团体竞赛.试题从分析、方程论、微分方程和几何等科目中选出.竞赛的前几届的奖金为:团体前3名分别获得$500,$300,$200;而个人前5名每人获得$50,并且他们成为普特南会员(Putnam Fellow).到2003年,团体前5名分别获得的奖金为$25 000,$20 000,$15 000,$10 000和$5 000;而普特南会员每人获得的奖金为$2 500.此外,每年有一位普特南会员获得William Lowell Putnam奖学金,用于在Harvard大学读研究生.

163个个人和42个团队参加了第一届竞赛.1961年参赛者第一次超过了1 000人,那年有1 094个个人和165个团队参赛.2003年有3 615个个人参赛,他们代表了479个单位和401个团队.2003年一年的参赛人数超过了1938～1957年前17届参赛者人数之和.(由于第二次世界大战,1943～1945年的竞赛停办;而在1958年有两次竞赛——春秋各一次)很巧,1980年和1981年都有2 043名参赛者.统计到2003年,一共有96 534名参赛者.在战后的第一次竞赛,即1946年的竞赛,参赛人数是历史上最少的,只有67人和14个队.表1提供了直到2003年的64届竞赛的每次参赛人数.

在前22届竞赛中,试题数的变化范围为11～14,但是从1962年的第23届开始,竞赛的时间分为两节,一节是上午的3小时,一节是下午的3小时.每一节要做6道题,每道题10分.组队的单位必须在赛前指定3位参赛者为队员.每队的得分为3名队员的排位之和.这样,若一个队的3名队员排位为第21、第49和第102,那么该队得分为172.队的得分越低,它的排位越高.团体计分的这种方法很大程度上取决于该队的最低得分者,因为有相当多的人在低分段.例如,在1988年得10分的队员排位第1 496,但是得9分的队员排位在第1 686.在2001年,1分产生1 469.5团体分,而一个0分导致2 292团体分.这样,个人分数的些微差别可以引起几百个团体分的悬殊.

---

① 原题:The First Sixty-Six Years of the Putnam Competition.
译自:The Amer. Math. Monthly, Vol. 111(2004), No. 8, 691-699. 作者:Joseph A. Gallian.

表1 前64届竞赛参赛人数

年份	人数	年份	人数	年份	人数	年份	人数
1938	163	1957	377	1972	1 681	1988	2 096
1939	200	1958S	430	1973	2 053	1989	2 392
1940	208	1958F	506	1974	2 159	1990	2 347
1941	146	1959	633	1975	2 203	1991	2 325
1942	114	1960	867	1976	2 131	1992	2 421
1946	67	1961	1 094	1977	2 138	1993	2 356
1947	145	1962	1 187	1978	2 019	1994	2 314
1948	120	1963	1 260	1979	2 141	1995	2 468
1949	155	1964	1 439	1980	2 043	1996	2 407
1950	223	1965	1 596	1981	2 043	1997	2 510
1951	209	1966	1 526	1982	2 024	1998	2 581
1952	295	1967	1 592	1983	2 055	1999	2 900
1953	256	1968	1 398	1984	2 149	2000	2 818
1954	231	1969	1 501	1985	2 079	2001	2 954
1955	256	1970	1 445	1986	2 094	2002	3 349
1956	291	1971	1 569	1987	2 170	2003	3 615

队员的事先指定这一事实及以排位数之和为队的分数的方法，有时引起一些奇特的结果.例如，在1959年，Harvard大学有4个普特南会员，但在队际竞赛中只得第4名；在1966年和1970年，麻省理工学院虽有3名普特南会员，但并非竞赛的优胜者；有15次竞赛，优胜者单位中没有普特南会员.

2 代表队的表现

Harvard大学在美国大学生数学竞赛中有最佳的纪录.直到2003年，Harvard大学有24次赢得团体冠军，而其最强有力的竞争者——Caltech（California Institute of Technology，加州理工学院），获得9次团体第一.位于第三、得到过4次团体第一的是MIT，Washington大学和Toronto大学.Toronto大学的4次团体第一都是在竞赛最早的6年中获得的.如果不是因为Toronto大学数学系在1939年和1941年出了竞赛的试题而使自己失去了资格，说不定Toronto大学会取得所有前6届的团体冠军.从第5届竞赛开始，试题由从不同学校挑选出的一个委员会来准备，而不是由上一届竞赛冠军队的数学系来准备了.这意味着上一年的冠军队不会再失去资格了.很奇怪，Harvard大学代表队在前6次竞赛中都未进入前5名，而在直到2003年的第64次竞赛中却有50次进入了前5名.在前20次竞赛（1938～1959）中，纽约州的一些单位，Brooklyn学院、Brooklyn工艺学院、Columbia大学和New York城市学院，在团体竞赛中以及产生普特南会员方面表现出色.Caltech的辉煌年代是1971～1976这6年，其间，Caltech赢得5次团体第一.除了Harvard大学之外，只有一次同一个队连续3年获得第一，这就是1971～1973年的Caltech.1976～1986年之间，Washington大学获得4次冠军和4次亚军.在此期间，Washington大学仅有两名普特南会员.大约从1990年开始，Duke大学以与吸收全国最好的高中篮球运动员同样的热情吸收全国最好的高中数学学生.从此以后，Duke大学以作为Harvard大学的高层竞争对手的面貌出现，赢得了3次冠军、2次亚军和4次季军. 很有趣的是，在此期间，Duke大学的普特南团队的表现与其篮球队同样出色！（到2003年止，其篮球队获得3次冠军，3次亚军，没有得过第3名）Princeton大学的业绩如同一个女傧相，曾经22次进入前5名，其中7次获得第2名，但从未居榜首. 美国州立大学中获得团体冠军的是Michigan州立大学（3次），位于Davis的California大学（1次）和位于Berkeley的California大学（1次）. 文科学院获得的最高名次是1972年由Oberlin学院所取得的第2名. 同一年Swarthmore学院获得第4名. Harvard大学最长的冠军链是8年（1985～1992），而其最长的无冠军链是15年（1967～1981）. 唯一一次并列第一是1984年的位于Davis的California大学和Washington大学. 很令人惊讶，在1986，1987和1990年，Harvard大学代表队的每一位队员都是普特南会员. 每年前5名学校和前5名个人的一份完整的表可在网址http://www.maa.org/Awards/putnam.html处找到. 表2列出了至少在一次竞赛中取得过前5名的每个队，以及这些单位中普特南会员的总数. 表中的末4行是团体从未进入前5名，但至少有两名普特南会员的单位.

表2 前64届竞赛优胜队①

单位	第1名	第2名	第3名	第4名	第5名	普特南会员数
Harvard Univ.	24	8	12	5	1	91
Caltech	9	3	5	5	5	19
MIT	4	9	7	7	6	37
Univ. of Toronto	4	5	4	3	1	23
Washington Univ.	4	4		1	2	6
Duke Univ.	3	2	4			6
Brooklyn College	3	1	1			5
Michigan State Univ.	3			2		5
Univ. of Waterloo	2	3	5	1	4	8
Cornell	2	3	1	1	2	5
Polytechnic Inst. Brooklyn	2	1				3
Univ. of Chicago	1	3	3	1	2	10
U. California，Berkeley	1	1	2	4	2	16
U. California，Davis	1	1		1		2
Queen's Univ.	1		1	1		1
Case Western Reserve	1			2	1	4
Princeton Univ.		7	4	7	4	17
Yale Univ.		3	1	4	3	8
Columbia Univ.		2	3			8
Rice Univ.		1	1	1	1	3

① 表2中的单位名称保留为原文. ——译者注

续表 2

单位	第1名	第2名	第3名	第4名	第5名	普特南会员数
U. Pennsylvania		1	1	1		3
City College New York		1		4		10
Dartmouth		1			1	2
U. British Columbia		1			1	1
Oberlin College		1				
Carnegie Mellon			2	1		3
Cooper Union			2			1
U. California，Los Angeles			1		1	2
Harvey Mudd College			1		1	
U. Maryland，College Park			1		1	
New York Univ.			1			3
Miami Univ.			1			
Mississippi Women's College			1			
Stanford Univ.				3	2	
U. Michigan，Ann Arbor				1	2	
Kenyon College				1		2
Swarthmore				1		1
Univ. of Manitoba				1		1
Illinois Inst. Technology				1		
McGill Univ.				1		1
Univ. of Kansas					1	
U. of Minnesota Minneapolis						3
Purdue Univ.						2
U. Alberta						2
U. California，Santa Barbara						2

3 参赛者的成绩

至于普特南会员的产生方面，Harvard 大学仍是占压倒优势的优胜者，它与第 2 位麻省理工学院的普特南会员人数之比为 91：37. Harvard 大学在某 4 次竞赛中都产生了 4 位普特南会员. 很奇怪，直到第 6 届竞赛 Harvard 大学才有了它的第一位普特南会员. 此后，Harvard 大学不产生普特南会员的最长周期是 3 年，而且这只发生过一次. 由于第 4 名有相同的分数，或者第 5 名有相同的分数，在 12 次竞赛中产生了 6 位普特南会员，而在 1959 年，有 4 位参赛者并列第 5，因此产生了 8 位普特南会员. 产生多于 5 位普特南会员的 13 次竞赛中的 11 次出现在 1970 年之后. 到 2003 年，共有 250 个个人成为普特南会员(计重数的话为 335 人次). 仅有 5 人(姓名略——译者)4 次成为普特南会员. 16 人(姓名略——译者)3 次成为优胜者. 应该注意到，有一些 3 次优胜者仅参加了 3 次竞赛，39 人两次成为普特南会员，似乎从没有同一个家庭的两个成员成为普特南会员的. 最接近于此的是 Doug Jungreis 和 Irwin Jungreis 兄弟. Doug 于 1985 年和 1986 年进入前 5 名，而 Irwin 于 1980 年和 1982 年位居第 6 名和第 10 名之间. Dylan Thurston，Fields 奖章得主 William Thurston 的儿子，

1993 年所得名次在第 6 名和第 10 名之间. 女性获得荣誉提名奖或更高类别奖项有记载的第一次是在 1948 年. 1949 年的一本月刊的公告中她被列为"M. Djorup(小姐), Ursinus 学院". 因为许多参赛者用他们的首名和中间名的第一个字母(例如, R. P. Feynman), 因此很可能 Djorup 并非是获得荣誉提名奖或更高类别奖项的第一位女性. 第一位女性普特南会员是 1996 年 New York 大学的 Ioana Dumitriu; 第二位是 2002 年 Duke 大学的 Melanie Wood; 第三位是 2003 年 Princeton 大学的 Ana Caraiani. 由于不注明参赛者的年龄, 因而无从知道竞赛优胜者的最小年龄和最大年龄. 最年轻的一个候选人是 Noam Elkies, 他是 1982 年的普特南会员, 其时 16 岁 4 个月(Lenny Ng 也在 16 岁时成为普特南会员, 但他比 Elkies 大 7 个月). Samuel Klein 可能是一个最老的优胜者, 他出生在 1934 年, 并且在 1953, 1959和 1960 年成为竞赛的优胜者. 作为一个集体, 2003 年竞赛的 5 位优胜者可能聚集了曾有过的赢得普特南会员最大次数: Gabriel Carroll 第 4 次, Reid Barton 第 3 次(仅参加 3 次竞赛), 其他 3 人都是第 1 次.

与早年的美国大学生数学竞赛不同, 在近来的 25 年中, 许多在美国大学生数学竞赛中有杰出表现的人作为中学生曾经参加过在美国的解题训练夏令营, 或者在什么地方参加过每年一次的 IMO(国际数学奥林匹克竞赛)的准备. 代表自己的国家参加 IMO 的许多国际学生已经来到美国读本科. 其结果是, 现在美国大学生数学竞赛的优胜者来自众多国家.

在 1938～2003 年的 64 次竞赛中, 只有 3 个满分——一个在 1987 年, 两个在 1988 年. 5 个最高得分者总是按其字母次序列出, 我们知道, 1987 年的满分由 David Moews 得到. 关于此分数令人惊奇的是, 1987 年的试题是最难的一次. 分数的中位数①是 1 分, 而 26 分则居(2 170 名参赛者)前 200 位. 1987 年的第 2 个最高分是 108 分, 而 1988 年的第 2 个最高分是 119 分. 1987 年和 1988 年的优胜者排位于曾经有过的最强的集体中, 其中有 Bjorn Poonen 和 Ravi Vakil, 4 次的普特南会员; David Moews 和 David Grabiner, 3 次的普特南会员; 以及Mike Reid, 2 次的普特南会员. 与 1988 年的分数成对比, 1963 年竞赛的 1 260 个参赛者的最高分数是 62 分. 1963 年, 任何一个得分为 28 分的选手排位在前 10%.

4 普特南名人录

在过去的年代里, 许多杰出的数学家和科学家都曾经参加过美国大学生数学竞赛. 其中有菲尔兹奖章得主 John Milnor, David Mumford, Daniel Quillen, Paul Cohen 和 John G. Thompson(Milnor, Mumford 和 Quillen 是普特南会员; Cohen 排位前 10 名; Thompson 获得荣誉提名奖). 物理学诺贝尔奖得主中获得荣誉提名奖或更高类别奖项的有: Richard Feynman, 1939 年的普特南会员; Kenneth G. Wilson, 两次成为普特南会员; 以及 Steven Weinberg 和 Murray Gell-Mann; (以《美丽心灵》闻名的)诺贝尔经济学奖得主 John Nash 以极大的失望在 1947 年 147 名参赛者中名列前 10 名; Eric Lander, 人类基因组计划的主要负责人之一, 在 1976 年也获得前 10 名; Mumford 和 Lander 都是 MacArthur 会员(Fellow); 杰出的计算机科学家 Donald Knuth 于 1959 年获得荣誉提名奖. 在美国大学生数学竞赛中有杰出表现的美国数学会理事长有: Irving Kaplansky(1938 年的普特南会员),

---

① 一个有限实数集 $A=\{a_1,\cdots,a_n\}$ 的中位数 m 定义如下: 不妨设 $a_1,\cdots,a_n$ 满足 $a_1\leqslant\cdots\leqslant a_n$, 则 $m=a_{(n+1)/2}$, 若 n 为奇数; $m=(a_{n/2}+a_{(n/2)+1})/2$, 若 n 为偶数. ——译者注

Andrew Gleason(1940,1941,1942 年的普特南会员)和 Felix Browder (1946 年的普特南会员),以及美国数学协会(MAA)的现任理事长 Ron Graham(1958 年获得荣誉提名奖).另一些在美国大学生数学竞赛中有杰出表现的人获得了由美国数学会颁发的享有声望的研究奖项.1956 年的 Harvard 大学代表队有一位未来的诺贝尔奖得主(Wilson)和一位未来的菲尔兹奖章得主(Mumford).他们俩都是 1956 年的普特南会员,并且 Harvard 大学代表队当年亦取得冠军.

5 结 论

表 3 提供了 1967～2003 年间每次竞赛前 5 名的分数和当年竞赛分数的中位数[①].注意,其中有 3 年的中位数是 0,并且有 5 年的中位数是 1.还要注意,1995 年第 1 名与第 5 名只有 1 分之差.在 1967～2003 年间,第 1 名与第 5 名分数差的最大差距是 35 分,而第 1 名与第 2 名分数差的最大差距是 22 分.在此期间的最大中位分数是 19,平均中位分数是5.7,中位分数的中位数是 4.0 分,其出现最多的一次是 1999 年,当年 2 900 个参赛者中有1 745个得 0 分.

表 3　1967～2003 年间每次竞赛前 5 名的分数和当年竞赛分数的中位数

年份	1	2	3	4	5	中位数	年份	1	2	3	4	5	中位数
1967	67	62	60	58	57	6	1986	90	89	86	82	81	19
1968	93	92	89	85	85	10	1987	120	108	107	90	88	1
1969	87	82	80	79	73	10	1988	120	120	119	112	110	16
1970	116	107	104	97	96	4	1989	94	81	78	78	77	0
1971	109	90	88	84	74	11	1990	93	92	87	77	77	2
1972	83	79	66	63	59	4	1991	100	98	97	94	93	11
1973	106	86	86	78	76	7	1992	105	100	95	95	92	2
1974	77	70	62	61	57	6	1993	88	78	69	61	60	10
1975	88	87	86	84	80	6	1994	102	101	99	88	87	3
1976	74	70	68	64	61	2	1995	86	86	86	85	85	8
1977	110	103	90	90	88	10	1996	98	89	80	80	76	3
1978	90	77	74	73	71	11	1997	92	88	78	71	69	1
1979	95	90	87	87	73	4	1998	108	106	103	100	98	10
1980	73	72	69	68	66	3	1999	74	71	70	69	69	0
1981	93	72	64	60	60	1	2000	96	93	92	92	90	0
1982	98	90	88	85	82	2	2001	101	100	86	80	80	1
1983	98	88	81	80	79	10	2002	116	108	106	96	96	3
1984	111	89	81	80	80	10	2003	110	96	95	90	82	1
1985	108	100	94	94	91	2							

通过考察美国大学生数学竞赛的结果可以吸取什么教训?似乎在美国大学生数学竞赛中有好的表现与作为一个职业数学家的好的成就有关联,但是许多最好的研究型数学家在美国大学生数学竞赛中并未得到高分,当然他们中有许多并未参加美国大学生数学竞赛.

① 这是我能提供的全部数据.——原注

第 31 届美国大学生数学竞赛

A－1 证明：对于函数

$$e^{ax}\cos bx, a>0, b>0$$

的幂级数关于 x 的乘幂或者没有零系数，或者有无限多个零系数.

证 注意 $e^{ax}\cos bx$ 是 $e^{(a+ib)x}$ 的实数. 于是幂级数是

$$e^{ax}\cos bx=\sum_{n=0}\operatorname{Re}\{(a+ib)^n\}\frac{x^n}{n!}$$

在此形式中，容易看出：如果 x^n 有零系数，则 x^{kn} 对每个奇数 k 皆有零系数.

A－2 研究由实多项式方程

$$Ax^2+Bxy+Cy^2+Dx^3+Ex^2y+Fxy^2+Gy^3=0$$

所给定的轨迹，此处 $B^2-4AC<0$. 证明：存在正数 δ 使得在有孔的圆盘

$$0<x^2+y^2<\delta^2$$

内不存在轨迹上的点.

证法 1 设 $(x,y)=(r\cos\theta, r\sin\theta)$，$r>0$ 是轨迹上的点，则

$$r=\frac{|A\cos^2\theta+B\sin\theta\cos\theta+C\sin^2\theta|}{|D\cos^2\theta+E\cos^2\theta\sin\theta+F\cos\theta\sin^2\theta+G\sin^3\theta|} \quad ①$$

① 的分母小于或等于 $|D|+|E|+|F|+|G|$，而分子有正的最小值

$$N=\frac{|A+C|-\sqrt{(A-C)^2+B^2}}{2}$$

因为 $B^2<4AC$，因此

$$r\geqslant\frac{N}{|D|+|E|+|F|+|G|}=\delta$$

而且在 $0<r<\delta$ 内没有轨迹上的点.

证法 2 令 $H(x,y)$ 等于所给方程左端的多项式. 关于两个

变量函数的极大或极小的标准理论可以与条件 $B^2 < 4AC$ 一起使用来证明 $H(x,y)$ 在 $(0,0)$ 处有局部极大值或局部极小值.

A－3　求由相同的非零数字组成的,能够作为一个整数平方的结尾的(十进制)最长序列的长度,并求用此序列结尾的最小平方数.

解　如果 x 是整数,则 $x^2 \equiv 0,1,4,6,9 \pmod{10}$. 情形 $x^2 \equiv 0 \pmod{10}$ 由问题的叙述应除去. 如果 $x^2 \equiv 11,55$ 或 $99 \pmod{100}$,则 $x^2 \equiv 3 \pmod 4$,这是不可能的. 类似地,$x^2 \equiv 66 \pmod{100}$ 蕴涵 $x^2 \equiv 2 \pmod 4$,这也是不可能的. 因此 $x^2 \equiv 44 \pmod{100}$. 如果 $x^2 \equiv 4\,444 \pmod{10\,000}$, 则 $x^2 \equiv 12 \pmod{16}$,但简单的检验表明这是不可能的. 最后注意 $38^2 = 1\,444$.

A－4　给定序列 $\{x_n\}$, $n=1,2,\cdots$,使得

$$\lim_{n\to\infty}\{x_n - x_{n-2}\} = 0$$

证明

$$\lim_{n\to\infty}\frac{x_n - x_{n-1}}{n} = 0$$

证　对于 $\varepsilon > 0$,设 N 充分大,使得对于一切 $n \geqslant N$ 皆有 $|x_n - x_{n-2}| < \varepsilon$. 注意对于任意 $n > N$,有

$$\begin{aligned} x_n - x_{n-1} = &(x_n - x_{n-2}) - (x_{n-1} - x_{n-3}) + \\ &(x_{n-2} - x_{n-4}) - \cdots \pm (x_{N+1} - x_{N-1}) \mp \\ &(x_N - x_{N-1}) \end{aligned}$$

因此

$$|x_n - x_{n-1}| \leqslant (n-N)\varepsilon + |x_N - x_{N-1}|$$

而且

$$\lim_{n\to\infty}\frac{x_n - x_{n-1}}{n} = 0$$

A－5　确定能够位于椭球体

$$\frac{x^2}{a^2} + \frac{y^2}{b^2} + \frac{z^2}{c^2} = 1, a > b > c$$

上的最大圆的半径.

解　因为椭球体的平行截口总是相似的椭圆,任何圆截口通过取经过中心的平行切割平面能增加尺寸,经过 $(0,0,0)$ 的每个作出圆截口的平面必与 yOz 平面相交. 但这意味着圆截口的直径必定是椭圆 $x=0, y^2/b^2 + z^2/c^2 = 1$ 的直径. 因此,圆的半径至多是 b. 对 xOy 平面应用同样的理由证明圆的半径至少是 b,因此,任何由经过 $(0,0,0)$ 的平面所形成的圆截口必有半径 b,而且这将是所

需要的最大半径. 为了证明半径为 b 的圆截口实际存在,考虑通过 y 轴的所有平面,可以检验由 $a^2(b^2-c^2)z^2=c^2(a^2-b^2)x^2$ 给定的两个平面给出了半径为 b 的圆截口.

A－6 三个数中的每一个是独立地、随机地选自三个区间 $[0,L_i](i=1,2,3)$ 中的某一个数. 如果每个随机数的分布关于它所选的区间的长度是均匀的,试确定三个被选择的数的最小期望值.

第一个解答由 Robert Oliver 提供,另一解答由 Jockum Aniansson 提供.

解法1 设 x 选自 $[0,L_1]$, y 选自 $[0,L_2]$, z 选自 $[0,L_3]$, 而且假定 $L_3\geqslant L_2\geqslant L_1$. 又设 $X=\min\{x,y,z\}$, 有

$$L_1L_2L_3E[X]=\int_0^{L_1}\int_0^{L_2}\int_0^{L_3}X\mathrm{d}z\mathrm{d}y\mathrm{d}x=$$

$$\int_0^{L_1}\int_0^{L_2}\left(\int_0^{\mu}z\mathrm{d}z+\int_{\mu}^{L_3}\mu\mathrm{d}z\right)\mathrm{d}y\mathrm{d}x=$$

(此处 $\mu=\min\{x,y\}$)

$$\int_0^{L_1}\int_0^{L_2}(L_3\mu-\frac{1}{2}\mu^2)\mathrm{d}y\mathrm{d}x=$$

$$\int_0^{L_1}\left(\int_0^{x}(L_3y-\frac{1}{2}y^2)\mathrm{d}y+\right.$$

$$\left.\int_x^{L_2}(L_3x-\frac{1}{2}x^2)\mathrm{d}y\right)\mathrm{d}x=\cdots=$$

$$\frac{1}{2}L_1^2L_2L_3-\frac{1}{6}L_1^3(L_2+L_3)+\frac{1}{12}L_1^4$$

(此处 $\mu=\min\{x,y\}$)

解法2 对于 $0\leqslant a\leqslant L$, 有

$$P(X\leqslant a)=P(x\leqslant a)+P(y\leqslant a)+P(z\leqslant a)-$$
$$P(x\leqslant a)P(y\leqslant a)-P(x\leqslant a)P(z\leqslant a)-$$
$$P(y\leqslant a)P(z\leqslant a)+$$
$$P(x\leqslant a)P(y\leqslant a)P(z\leqslant a)=$$
$$\frac{a}{L_1}+\frac{a}{L_2}+\frac{a}{L_3}-\left(\frac{a^2}{L_1L_2}+\frac{a^2}{L_2L_3}+\frac{a^2}{L_3L_1}\right)+\frac{a^3}{L_1L_2L_3}$$

答案容易从公式

$$E[X]=\int_0^{L_1}a\frac{\mathrm{d}P(X\leqslant a)}{\mathrm{d}a}\mathrm{d}a$$

得到.

B－1 计算

$$\lim_{n\to\infty}\frac{1}{n^4}\prod_{i=1}^{2n}(n^2+i^2)^{\frac{1}{n}}$$

解 设

$$a_n=\frac{1}{n^4}\prod_{i=1}^{2n}(n^2+i^2)^{\frac{1}{n}}$$

则

$$\ln a_n=\frac{1}{n}\sum_{i=1}^{2n}\ln(1+\frac{i^2}{n^2})$$

而且

$$\lim_{n\to\infty}\ln a_n=\int_0^2\ln(1+x^2)\mathrm{d}x=$$

$$2\ln 5-4+2\arctan 2$$

B－2 某一物体随时间变化的温度由时间的最多为三次的多项式所给定.证明:此物体在上午9时与下午3时之间的平均温度常能通过取两个固定时刻的平均值而求得,且这两个固定时刻与所出现的多项式无关.其次证明这两个近似到分的时刻是上午10点16分和下午1点44分.

证 设 $P(t)=at^3+bt^2+ct+d$,方程

$$\frac{1}{2T}\int_{-T}^{T}P(t)\mathrm{d}t=\frac{1}{2}(P(t_1)+P(t_2))$$

对所有 a,b,c 和 d 被满足当且仅当 $t_2=-t_1=\pm T/\sqrt{3}$.如果 $T=3$ 小时,则 $T/\sqrt{3}\approx 1$ 小时 43.92 分.因此,在所考察的情形,临界时间为中午前后各1小时44分.

B－3 一个在 $a<x<b$ 中的 $\mathbf{R}^2$ 的闭子集 S,证明:它在 y 轴上的投影是闭的.

证 设 $y_n\to y$,这里,对所有 $n,(x_n,y_n)\in S$.波尔查诺－魏尔斯特拉斯定理推出子序列 $X_{k(n)}\to x$,则 $Y_{k(n)}\to y$,而且因为 S 是闭的,所以 $(x,y)\in S$.于是 y 在 S 在 y 轴上的投影中.

B－4 一辆汽车从静止开始到静止结束,沿着直道在1分钟内走过1英里(1英里＝1.609 3千米)的距离.如果管理人员禁止车速超过每小时90英里,证明:在运行的某一时刻车的加速度或减速度至少是6.6英尺/秒^2(1英尺＝0.304 8米).

证 变换单位到尺和秒,对于所有 $t\in[0,60]$,我们有 $0\leqslant v(t)\leqslant 132$.假定对所有 $t\in[0,60]$,有 $|v'(t)|<6.6$,则 $v(t)=\int_0^t v'(t)\mathrm{d}t<6.6t$,而且对所有 $t\in[0,60]$,$v(t)=\int_t^{60}v'(t)\mathrm{d}t<$

个别的学生作了暗中的假定:对于 $v(t)$ 的最佳的图形是文中提到的梯形,但没有给出明确的证明.

6.6(60－t). 因此

$$5\ 280=\int_0^{60} v(t)\mathrm{d}t<\int_0^{60}\min\{6.6t,6.6(60-t),132\}\mathrm{d}t$$

此最后的积分是梯形下的面积且等于 5 280,这是一个矛盾.

B－5 设 u_n 表示“倾斜”函数

$$u_n(x)=\begin{cases}-n,x\leqslant -n\\ x,-n<x\leqslant n\\ n,x>n\end{cases}$$

又设 F 表示实变数的实函数. 证明:F 是连续的当且仅当 $u_n\circ F$ 对所有的 n 是连续的(注意:$(u_n\circ F)(x)=u_n[F(x)]$).

证 显然 u_n 是连续的. 因此,如果 F 是连续的,则 $u_n\circ F$ 是连续函数的复合函数,所以也是连续的. 反之,假定 $u_n\circ F$ 对所有 n 皆连续. 为了证明 F 是连续的,只要证明对每个有界区间 (a,b),$F^{-1}((a,b))$ 是开的就足够了. 设 $n>\max\{|a|,|b|\}$,则 $u_n^{-1}((a,b))=(a,b)$,因此

$$F^{-1}((a,b))=F^{-1}(u_n^{-1}((a,b)))=(u_n\circ F)^{-1}((a,b))$$

由于 $u_n\circ F$ 的连续性,故它是一个开集.

B－6 一个可以内接于圆的四边形称为可内接的或可圆化的. 一个可以外切于圆的四边形称为可外切的. 证明:如果一个边为 a,b,c,d 的可外切的四边形有面积 $S=\sqrt{abcd}$,则它也是可内接的.

证 因为四边形是外切的,所以 $a+c=b+d$. 设 k 是对角线长且选择角 α 和 β 使得

$$k^2=a^2+b^2-2ab\cos\alpha=c^2+d^2-2cd\cos\beta$$

如果减去 $(a-b)^2=(c-d)^2$,我们得到

$$2ab(1-\cos\alpha)=2cd(1-\cos\beta) \quad ①$$

从

$$S=\frac{1}{2}ab\sin\alpha+\frac{1}{2}cd\sin\beta=\sqrt{abcd}$$

得

$$4S^2=4abcd=a^2b^2(1-\cos^2\alpha)+c^2d^2(1-\cos^2\beta)+2abcd\sin\alpha\sin\beta$$

在上式右边应用 ① 两次

$$4abcd=ab(1+\cos\alpha)cd(1-\cos\beta)+cd(1+\cos\beta)ab(1-\cos\alpha)+2abcd\sin\alpha\sin\beta$$

化简得

$$4=2-2\cos(\alpha+\beta)$$

此式得出 $\alpha+\beta=\pi$，因此四边形是可圆化的.

第32届美国大学生数学竞赛

A－1 假设在三维欧氏空间中给出9个格点(具有整数坐标的点).证明:存在一个格点位于联结这些点的两点间的某一线段的内部.

证 根据坐标的类似性,即(奇,奇,奇)、(奇,奇,偶)等,格点的集合可以分成8类.9个格点中有两个(例如P和Q)属于同一类.线段PQ的中点是一个格点.

A－2 确定满足$P(x^2+1)=(P(x))^2+1$和$P(0)=0$的所有多项式.

解 $P(0)=0,P(1)=(P(0))^2+1=1,P(2)=(P(1))^2+1=2,P(5)=(P(2))^2+1=5,P(5^2+1)=(P(5))^2+1=26$等.于是多项式$P(x)$与$x$相同的值的个数大于$P(x)$的次数,因此$P(x)\equiv x$.

A－3 边长为a,b,c的三角形的三个顶点是格点且位于半径为R的圆上.证明:$abc\geqslant 2R$.(格点是欧氏空间中具有整数坐标的点)

证 对于边长为a,b,c,面积为S且外接圆半径为R的三角形,我们有$abc=4RS$.但若顶点是格点,则面积的行列式公式(Pick定理或直接计算)表明$2S$是整数.因此$2S\geqslant 1$,所以$abc\geqslant 2R$.为了得到公式$abc=4RS$,注意:如果α是边长为a的边的对角,则边长为a的边所对中心角为2α,而且$a=2R\sin\alpha,S=\frac{1}{2}bc\sin\alpha$.

A－4 证明:对于$0<\varepsilon<1$和充分大的整数n,表示式$(x+y)^n(x^2-(2-\varepsilon)xy+y^2)$是具有正系数的多项式,并求出当$\varepsilon=0$时,最小的允许值$n$.

证 在$(x+y)^n(x^2-(2-\varepsilon)xy+y^2)$的展开式中,$x^{k+1}y^{n+1-k}$的系数是

$$\binom{n}{k-1}-(2-\varepsilon)\binom{n}{k}+\binom{n}{k+1}=$$
$$\binom{n}{k}\left(\frac{k}{n-k+1}+\frac{n-k}{k+1}-(2-\varepsilon)\right)$$

现在对固定的n研究表示式

$$\phi(k)=\frac{k}{n-k+1}+\frac{n-k}{k+1}-(2-\varepsilon)$$

如果k取连续的正的变数,则

$$\phi'(k)=\frac{(n+1)((k+1)^2-(n-k+1)^2)}{(n-k+1)^2(k+1)^2}$$

因此在$k=n/2$时,$\phi'(k)=0$,而且容易推得$\phi(k)$在$k=n/2$时取极小值.我们不需要研究端点的最小值,因为容易推出对于$n>2$,多项式的最先两项和最后两项有正的系数.我们还可以注意到,对于给定的奇数n,如果在展开式中的中间两项是非正的,则对于n的下一个较大的值,中间项仍然非正.因此,如果中间系数变成正的,则发生此种情形的第一个n是奇数.现在如果n是奇数而且$k=\frac{1}{2}(n+1)$,则$\phi(k)=\frac{n-1}{n+3}-1+\varepsilon$,并且对于$n>\frac{4}{\varepsilon}-3$有$\phi(k)>0$.如果$\varepsilon=0.002$,则$n>1\ 997$,而且$n$是奇数.因此使所有项为正的最小的$n$是1 999.

A－5 一种纸牌游戏玩法如下:每场比赛后,根据结果,参加游戏者或者接受点a或者接受点b(a和b是正整数且a大于b),而且他们的点数一场一场累积起来.注意到有35个不能到达的点数,这些数中的一个是58,求a和b.

解 可以达到的点数是那些可以表示为形如$xa+yb$的非负整数,其中x和y是非负整数.如果a和b不互素,则存在无限多个不能达到的点数,因此$(a,b)=1$.下面将要证明不可达到的点数是$\frac{1}{2}(a-1)(b-1)$.

如果m是可达到的点数,则直线$ax+by=m$至少通过闭的第一象限[①]中的格点.因为a和b互素,所以在直线$ax+by=m$上的格点是在b的水平距离上[②].$ax+by=m$的第一象限的线段有m/a的水平投影,因此每个$m\geqslant ab$的点数是可达到的.每个不可

① 意指包括横轴、纵轴的正半轴及原点在内.
② 意指相邻两格点的水平距离为b.

达到的点数必定满足 $0 \leqslant m < ab$. 如果 $0 \leqslant m < ab$，直线 $ax + by = m$ 的第一象限的线段有小于 b 的水平投影. 因此至多包含一个格点. 于是在第一象限中具有 $0 \leqslant ax + by < ab$ 的格点 (x, y) 与具有 $0 \leqslant m < ab$ 的可达到的点数之间存在一一对应. 闭矩形 $0 \leqslant x \leqslant b, 0 \leqslant y \leqslant a$ 包含 $(a+1)(b+1)$ 个格点. 因此在第一象限中具有 $0 \leqslant ax + by < ab$ 的格点数是 $\frac{1}{2}(a+1)(b+1) - 1$. 这是具有 $0 \leqslant m < ab$ 的可达到的点数的数目. 因此在此范围内(这是它们的全体)不可达到的点数的数目是

$$ab - \frac{1}{2}(a+1)(b+1) + 1 = \frac{1}{2}(a-1)(b-1)$$

在我们给定的题目中

$$70 = (a-1)(b-1) = 1 \times 70 = 2 \times 35 = 5 \times 14 = 7 \times 10$$

条件 $a > b, (a, b) = 1$ 产生了两种可能性：$a = 71, b = 2$ 和 $a = 11, b = 8$. 因为 $58 = 71 \times 0 + 2 \times 29$，这两种可能中的第一种应除去. 直线 $11x + 8y = 58$ 经过 $(6, -1)$ 和 $(-2, 10)$，因此不经过第一象限的格点. 唯一的解是 $a = 11, b = 8$.

A－6 设 c 是使 n^c 对于每一个正整数 n 皆为整数的实数. 证明：c 是一个非负的整数.

证 $n = 2$ 的情形表明 c 是非负的. 如果把通常的中值定理应用到区间 $[u, u+1]$ 上的函数 x^c，则存在满足 $u < \xi < u+1$ 的 ξ 使 $c\xi^{c-1} = (u+1)^c - u^c$. 对于任何正整数 u，上式右端是正整数. 现在，在 $0 < c < 1$ 的情形，u 能取得足够大，使得 $\xi^{c-1} < 1/c$，因此 $c\xi^{c-1} < 1$. 于是一阶导数的中值定理排除了满足 $0 < c < 1$ 的一切 c 值.

有一个中值的扩张定理，此定理说：如果 $f(x)$ 在区间 $[a, b]$ 内是 k 次可微的，则存在一个 $\xi (a < \xi < b)$，使得 $h^k f^{(k)}(\xi) = \Delta^k f(a)$，此处 $h = (b-a)/k$，而且 Δ^k 是区间跨度为 h 的 k 阶差分. 取 k 作为满足 $k - 1 \leqslant c < k$ 的唯一的整数，而且在区间 $[u, u+k]$ 上应用此中值的扩张定理，则存在满足 $u < \xi < u + k$ 的 ξ，使得

$$c(c-1)(c-2)\cdots(c-k+1)\xi^{c-k} = \Delta^k f(u)$$

的右端是整数，而且通过取 u 足够大，ξ^{c-k} 变成足够小，使上式左边虽然非负但小于 1. 因此 $c(c-1)(c-2)\cdots(c-k+1) = 0$，因此 $c = k - 1$.

B－1　设S是一个集合,又设"$\circ$"是在S上的二元运算,它满足两条规律

$$x \circ x = x, \text{对} S \text{中的一切} x$$

$$(x \circ y) \circ z = (y \circ z) \circ x, \text{对} S \text{中的一切} x, y, z$$

证明:"$\circ$"是结合的与交换的.

证　利用给定的规律,我们有

$$x \circ y = (x \circ y) \circ (x \circ y) = ((x \circ y) \circ x) \circ y = ((y \circ x) \circ x) \circ y = ((x \circ x) \circ y) \circ y = (x \circ y) \circ y = (y \circ y) \circ x = y \circ x$$

从这一交换律我们得到

$$(x \circ y) \circ z = (y \circ z) \circ x = x \circ (y \circ z)$$

B－2　设$F(x)$是对除$x=0$和$x=1$外的所有实数皆有定义的且满足函数方程$F(x)+F((x-1)/x)=1+x$的实值函数,求所有满足这些条件的函数$F(x)$.

解　在给定的函数方程

$$F(x)+F\left(\frac{x-1}{x}\right)=1+x \quad ①$$

中,我们用$\frac{x-1}{x}$代替x,得到

$$F\left(\frac{x-1}{x}\right)+F\left(\frac{-1}{x-1}\right)=\frac{2x-1}{x} \quad ②$$

再在①中,我们用$\frac{-1}{x-1}$代替x得

$$F\left(\frac{-1}{x-1}\right)+F(x)=\frac{x-2}{x-1} \quad ③$$

①加③并减去②,得出

$$2F(x)=1+x+\frac{x-2}{x-1}-\frac{2x-1}{x}=\frac{x^3-x^2-1}{x(x-1)}$$

$$F(x)=\frac{x^3-x^2-1}{2x(x-1)} \quad ④$$

式④所定义的$F(x)$满足给定的函数方程是容易检验的.因此④是问题的唯一解.

B－3 两辆汽车以相等的常数速度环绕着一条道路行驶，每辆汽车在1小时内走完一圈. 两辆汽车从共同点出发，第一辆汽车在时刻 $t=0$ 出发，而第二辆汽车在以后的任何时刻 $t=T>0$ 出发. 证明：在运动中间存在精确到1小时的一段时间，在此时间内第一辆汽车比第二辆汽车多走完了1倍的圈子.

证 在时间 t 中，第一辆汽车完成 $[t]$ 圈，而第二辆汽车完成 $[t-T]$ 圈，问题是求满足 $[t]=2[t-T]$ 的值 $t\geqslant T$.

设 $T=k+\delta$，此处 $0\leqslant\delta<1$，k 为整数. 研究任何整数区间 $[m,m+1]$ 且设 $m\leqslant t<m+1$，则 $t=m+\varepsilon$，此处 $0\leqslant\varepsilon<1$. 因此要解的方程变为

$$[t]=m=2[t-T]=2[m+\varepsilon-(k+\delta)]=2[m-k+\varepsilon-\delta]$$

于是若 $\varepsilon\geqslant\delta$，则 $m=2(m-k)$；又若 $\varepsilon<\delta$，则 $m=2(m-k-1)$. 如果 $1>\varepsilon\geqslant\delta$，则 $m=2k$，而且方程在长度为 $1-\delta$ 的区间 $[2k+\delta,2k+1]$ 中得到满足.

如果 $0\leqslant\varepsilon<\delta$，则 $m=2k+2$，而且方程在长度为 δ 的区间 $[2k+2,2k+2+\delta]$ 中得到满足，因此总的长度是 $1-\delta+\delta=1$.

如果"在运动中"代之以"在第二辆汽车出发后"，则问题应该更明显. 在此解释下，如果 $t<T$，则 $[t-T]$ 是负的，第二辆汽车将完成零圈，解答仍被给出.

B－4 在球面上满足条件 $\widehat{PA}+\widehat{PB}$ 为常数的所有点的集合定义为在给定的球面上具有焦点 A 和 B 的球面椭圆，此处 $\widehat{PA}$ 表示在球面上 P 和 A 之间的最短距离. 确定是圆的实球面椭圆的整个类.

解 我们取球的半径为1个单位，而且用 $2a$ 表示常数和 $\widehat{PA}+\widehat{PB}$. 为了避免平凡的与退化的情形，我们假定 $0<\widehat{AB}<\pi$ 和 $\widehat{AB}<2a<2\pi-\widehat{AB}$.

$2a>\pi$ 的情形可化为 $2a<\pi$ 的情形. 因为如果 A' 和 B' 是与 A 和 B 径点相对的点，则 $\widehat{PA}+\widehat{PB}=2a$ 当且仅当 $\widehat{PA'}+\widehat{PB'}=2\pi-2a$，也即球面椭圆 $\widehat{PA}+\widehat{PB}=2a$ 和 $\widehat{PA'}+\widehat{PB'}=2\pi-2a$ 是相同的. 因为 $\min\{2a,2\pi-2a\}\leqslant\pi$，不失普遍性，我们可以假定 $2a\leqslant\pi$.

设 A 和 B 位于赤道上. 在赤道上有位于球面椭圆上的两点 V_1 和 V_2（顶点），显然 $\widehat{V_1V_2}=2a$. 球面椭圆的"中心"（弧 $\widehat{AB}$ 和 $\widehat{V_1V_2}$ 的共同中点）将用 C 表示.

我们首先处理 $2a<\pi$ 的情形，而且证明在此情形球面椭圆不

能是圆.假定它是一个圆,并称它为Γ(图1).Γ必将关于赤道平面对称,于是位于垂直于赤道平面的平面上,Γ也将通过顶点.因此它的球面直径将是$\widehat{V_1V_2}=2a$,而且它的球面半径将等于a.Γ的球面中心将是椭圆的中心C.设M是在Γ上位于两顶点中间的两点之一,则因为假定M是球面椭圆上的点,$2a=\widehat{MA}+\widehat{MB}>2\widehat{MC}=2a$(注意$MAC$是直角在点$C$的直角球面三角形,而且边$\widehat{MC}=a<\frac{1}{2}\pi$).矛盾证明了球面椭圆是圆的唯一可能必定在$2a=\pi$时发生.

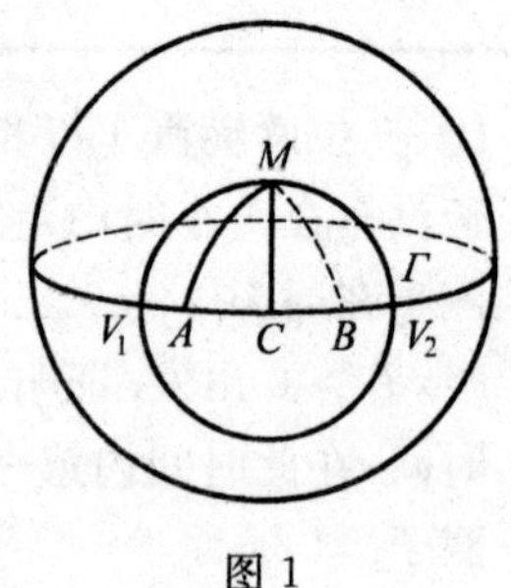

图 1

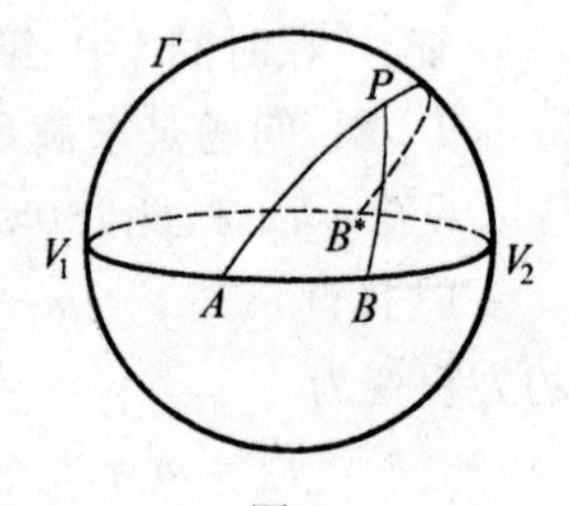

图 2

在$2a=\pi$的情形,V_1和V_2是在赤道上径点相对的点.我们将证明通过顶点且垂直于赤道平面的大圆Γ与球面椭圆$\widehat{PA}+\widehat{PB}=\pi$一致.为了明白这一点,设$B^*$是$B$的关于$\Gamma$的平面的反射.$B^*$在赤道上径点相对于$A$(图2).设$P$是球面上的一个任意点,并且作通过$A$,$P$和$B^*$的大圆,则$\widehat{PA}+\widehat{PB^*}=\pi$.因此$\widehat{PA}+\widehat{PB}=\pi$当且仅当$\widehat{PB}=\widehat{PB^*}$,即当且仅当$P$在$\Gamma$上.这就证明了$\Gamma$是如上所说的球面椭圆$\widehat{PA}+\widehat{PB}=\pi$.

于是在球面上唯一的是球面椭圆的圆是大圆.对于任意给定的大圆Γ,焦点可以是位于垂直于Γ的同一个大圆上的任何两点A和B,它们在Γ的同一侧,而且与Γ的距离相等.任何这样的球面椭圆的方程是$\widehat{PA}+\widehat{PB}=\pi$.

B－5　证明:微分方程组

$$x''+y'+6x=0,y''-x'+6y=0(“'”=\frac{\mathrm{d}}{\mathrm{d}t})$$

满足$x'(0)=y'(0)=0$的所有解在xOy平面上的图形都是内摆线,而且对每个这样的解求出固定圆半径和滚动圆半径的两个可能值.(内摆线是一个圆在给定的固定圆内滚动时,此圆的圆周上一固定点所描出的轨迹)

证　我们令$z=x+\mathrm{i}y$,则两个微分方程可组合成一个,即

$$z''-\mathrm{i}z'+6z=0 \quad ①$$

这是标准的具有常系数的二阶线性方程,而且有通解

$$z(t)=c_1\mathrm{e}^{3\mathrm{i}t}+c_2\mathrm{e}^{-2\mathrm{i}t}$$

初始条件推出$z'(0)=0$或$3\mathrm{i}c_1-2\mathrm{i}c_2=0$.我们可以令$c_1=2A$和$c_2=3A$,此处$A$是任何复数.给定方程组的通解是

$$z(t)=2A\mathrm{e}^{3\mathrm{i}t}+3A\mathrm{e}^{-2\mathrm{i}t} \quad ②$$

如果$A=R\mathrm{e}^{\mathrm{i}\alpha}$,则通过角度为$\alpha$的坐标轴旋转可得

$$z(t)=2R\mathrm{e}^{3\mathrm{i}t}+3R\mathrm{e}^{-2\mathrm{i}t} \quad ③$$

或用直角坐标的形式

$$X(t)=2R\cos 3t+3R\cos 2t$$
$$Y(t)=2R\sin 3t-3R\sin 2t \quad ④$$

这是当滚动圆的半径为 $3R$ 而固定圆的半径为 $5R$ 的内摆线的标准形式. 关于时间逆转,它变成滚动圆的半径为 $2R$ 而固定圆的半径为 $5R$ 的内摆线的标准方程.

B－6 设 $\delta(x)$ 是正整数 x 的最大的奇因子,证明:对一切正整数 x 有

$$\left|\sum_{n=1}^{x}\frac{\delta(n)}{n}-\frac{2x}{3}\right|<1$$

证 令

$$S(x)=\sum_{n=1}^{x}\frac{\delta(n)}{n}$$

注意:$\delta(2m+1)=2m+1,\delta(2m)=\delta(m)$ 和 $S(2x+1)=S(2x)+1$. 对 $S(2x)$ 的求和分成指标的偶数值和奇数值产生下列关系

$$S(2x)=\sum_{m=1}^{x}\frac{\delta(2m)}{2m}+\sum_{m=1}^{x}\frac{\delta(2m-1)}{2m-1}=\frac{1}{2}S(x)+x$$

如果我们用 $F(x)$ 表示 $S(x)-\frac{2}{3}x$,则上述关系转化为

$$F(2x)=\frac{1}{2}F(x)$$

而且
$$F(2x+1)=F(2x)+\frac{1}{3}$$

现在可以应用数学归纳法证明对于所有正整数 x 有 $0<F(x)<\frac{2}{3}$. 这一结果比所要求的要精密得多.

第 33 届美国大学生数学竞赛

A－1 证明：不存在组成算术级数的四个连续的二项式系数 $\binom{n}{r},\binom{n}{r+1},\binom{n}{r+2},\binom{n}{r+3}$（$n,r$ 为大于零的整数，而且 $r+3\leqslant n$）.

证 对于给定的 n 和 r，为了使前三个二项式系数成为算术级数，我们必定有

$$2\binom{n}{r+1}=\binom{n}{r}+\binom{n}{r+2} \qquad ①$$

或等价地

$$2=\frac{r+1}{n-r}+\frac{n-r-1}{r+2} \qquad ②$$

后三个给定的二项式系数成为算术级数的条件从 ① 中将 r 代以 $r+1$ 而求得. 因此如果四项成算术级数，则 r 和 $r+1$ 两者都满足方程 ②.

注意：如果在方程 ② 中 r 代之以 $n-r-2$，则它的两项互相交换. 于是二次方程 ② 有根

$$r,r+1;n-r-3,n-r-2$$

因为 ② 只能有两个根，因此 $r=n-r-3$，所以 $n=2r+3$. 四个二项式系数必定是

$$\binom{2r+3}{r},\binom{2r+3}{r+1},\binom{2r+3}{r+2},\binom{2r+3}{r+3}$$

它们是四个中间项，它们不可能是算术级数，因为二项式系数增大到中间项后减小.

A－2 设 S 是一个集合，而“$*$”是在集合 S 上的满足规律

$$x*(x*y)=y，对 S 中的一切 x,y$$

$$(y*x)*x=y，对 S 中的一切 x,y$$

的二元运算. 证明：“$*$”是交换的但不必是结合的.

证法 1 给定的规律分别标志为 ① 和 ②，即

$$x*(x*y)=y,\text{对 }S\text{ 中的一切 }x,y \quad ①$$

$$(y*x)*x=y,\text{对 }S\text{ 中的一切 }x,y \quad ②$$

(1) 我们首先证明

$$(x*y)*x=y \quad ③$$

此结论来自$(x*y)*x=(x*y)((x*y)*y)=y$.(首先应用 ② 且交换 x 和 y,然后应用 ① 且 x 代之以 $x*y$)

现在我们得到

$$y*x=((x*y)*x)*x=x*y \quad ④$$

(首先应用 ③,然后用 $x*y$ 代替 y 应用 ②),这证明了"$*$"是交换的.

(2) 设 S 是所有整数的集合.定义 $x*y=-x-y$,则

$$x*(y*z)=-x+y+z,(x*y)*z=x+y-z \quad ⑤$$

从 ⑤ 首先推得 ① 和 ② 成立,其次推得"$*$"不是结合的:仅需在 ⑤ 中任取 $x\neq z$.

证法 2 第一部分(由 Martin Davis 提供):

记方程 $x*y=z$ 为 $P(x,y,z)$,则规律 ① 可以写成"如果 $x*y=z$,则 $x*z=y$"或

$$P(x,y,z)\text{ 蕴涵 }P(x,z,y) \quad ⑥$$

类似地,规律 ② 可以写成

$$P(y,x,z)\text{ 蕴涵 }P(z,x,y) \quad ⑦$$

这两个蕴涵关系 ⑥ 和 ⑦ 说明在 $P(x,y,z)$ 中变元的位置上置换 y,z 和 x,z 是允许的[①].因为置换 x,z 和 y,z 产生对称群 S_3,因此我们发现置换 x,y 也是允许的.

于是 $P(x,y,z)$ 蕴涵 $P(y,x,z)$ 或 $x*y=z$ 蕴涵 $y*x=z$,这意味着 $x*y=y*x$.

A－3 如果对于一个序列 $x_1,x_2,x_3,\cdots$ 来说 $\lim\limits_{n\to\infty}(x_1+x_2+\cdots+x_n)/n$ 存在,则称此极限为这个序列的 C 极限.一个从$[0,1]$到实数的函数称为在区间$[0,1]$上的超连续函数,如果一旦序列 $x_1,x_2,x_3,\cdots$ 的 C 极限存在,则序列 $f(x_1)$,$f(x_2)$,$f(x_3)$,$\cdots$ 的 C 极限也存在.求$[0,1]$上的所有超连续函数.

解 一个函数是超连续的当且仅当它是仿射变换 $f(x)=$

① 规律 ⑦ 说明置换 x,z 被允许是在 $P(x,y,z)$ 中以 x 与 y 互换(即把规则 ②:$(y*x)*x=y$ 改成$(x*y)*y=x$)而得,即 $P(x,y,z)$ 蕴涵 $P(z,y,x)$,故置换 x,z 被允许.

$Ax+B$. 充分性是平凡的. 对于必要性：首先我们注意没有假定 $f(C-\text{limit})=C-\text{limit}(f)$(否则解答能大大地简化). 本质的步骤在于证明：如果 f 是超连续的，则：

(1) f 是连续的；

(2) 对一切 a,b 有 $f((a+b)/2)=(f(a)+f(b))/2$.

这两点结论蕴涵 f 是仿射的. (1) 和(2) 的证明是类似的，我们给出(2) 的证明(这是较难的). 令 $c=(a+b)/2$，而且假定 $f(c)\neq(f(a)+f(b))/2$. 想象"增加得很迅速"的整数 N_i 的任何序列，例如设 N_{i+1} 超过 2^iN^i，然后构造点的序列 $\{x_n\}$ 如下：把此序列裂分为区组，它们交替在

$$\{x_n\}=a,b,a,b,a,b,\cdots$$

和

$$\{x_n\}=c,c,c,c,c,c,\cdots$$

之间，ab 型对 $N_{2i-1}\leqslant n<N_{2i}$ 成立，而 c 型对 $N_{2i}\leqslant n<N_{2i+1}$ 成立，则 $\{x_n\}$ 有 C 极限 c. 但 $\{f(x_n)\}$ 的平均值是摆动的(因为区组 $N_i\leqslant n<N_{i+1}$ 的长度增加很快，而且 $f(c)\neq f(a)$ 和 $f(b)$ 的平均值). 于是 $\{f(x_n)\}$ 的 C 极限不存在，矛盾.

许多有趣的函数类可以作为此问题的解答，最普通的选择是一切有界函数类和连续函数类(正确的选择占到三分之一). 黎曼(Riemann) 和勒贝格(Lebegue) 可积函数也被提及.

David Cohoon 教授曾提供下列问题：是否存在实直线上的拓扑，通过此拓扑连续函数类与超连续函数类重合?(此处函数是从 **R** 到 **R**，而且同样的拓扑置于作为象空间和定义域的 **R** 上)

A－4　在所有内切于正方形的椭圆中，证明：圆有最大的周长.

证　设边长为 $2R$ 的正方形有顶点 $(\pm R\sqrt{2},0)$ 和 $(0,\pm R\sqrt{2})$. 具有条件 $0\leqslant b\leqslant a\leqslant R\sqrt{2}$ 的椭圆

$$\frac{x^2}{a^2}+\frac{y^2}{b^2}=1 \tag{①}$$

有直线 $x+y=R\sqrt{2}$ 作为切线当且仅当二次方程 $x^2/a^2+(R\sqrt{2}-x)^2/b^2=1$ 有重根. 可以检验判别式等于零当且仅当 $a^2+b^2=2R^2$. 当 a 从 R 变到 $R\sqrt{2}$ 和 b 从 R 变到 0 时，曲线①从半径为 R 的圆经过所有的内切于正方形的非圆形的椭圆变到退化的位于 x 轴上的扁平的椭圆.

设 $4L$ 表示椭圆 $x=a\cos t, y=b\sin t(0\leqslant t\leqslant 2\pi)$ 的长，则

$$L=\int_0^{\frac{\pi}{2}}(a^2\sin^2t+b^2\cos^2t)^{\frac{1}{2}}\mathrm{d}t=$$

$$\int_0^{\frac{\pi}{2}}\left(\frac{1}{2}a^2(1-\cos 2t)+\frac{1}{2}b^2(1+\cos 2t)\right)^{\frac{1}{2}}\mathrm{d}t=$$

$$\int_0^{\frac{\pi}{2}}\left(R^2-\frac{1}{2}c^2\cos 2t\right)^{\frac{1}{2}}\mathrm{d}t$$

此处 $c^2=a^2-b^2$. 最后的积分我们裂分成两个：一个从 0 到 $\pi/4$，而另一个从 $\pi/4$ 到 $\pi/2$. 对后面的积分我们作变量代换 $t=\pi/2-$

t',得

$$L=\int_0^{\frac{\pi}{4}}\left(\left(R^2-\frac{1}{2}c^2\cos 2t\right)^{\frac{1}{2}}+\left(R^2+\frac{1}{2}c^2\cos 2t\right)^{\frac{1}{2}}\right)\mathrm{d}t \quad ②$$

注意对于 $0\leqslant t<\pi/4$,有 $\cos 2t>0$.

现在函数 $f(u)=(p-u)^2+(p+u)^2$ 在区间 $0\leqslant u\leqslant p$ 上递减,因为在 $0<u<p$ 内

$$2f'(u)=-(p-u)^{-\frac{1}{2}}+(p+u)^{-\frac{1}{2}}<0$$

因此作为 c 的函数的式 ② 的积分当 $c=0$ 时,即对于内切圆有最大值.

为了证明内切于正方形的椭圆必有沿此正方形对角线的轴,我们选取有边 $u=\pm R$ 和 $v=\pm R$ 的正方形和有方程

$$Au^2+Buv+Cv^2+Du+Ev+F=0$$

的椭圆,此处

$$4AC-B^2>0 \quad ③$$

取椭圆上最高、最低、最右、最左的点,我们看出正方形的四个边必定与椭圆相切.

直线 $u=R$ 是切线当且仅当方程

$$Cv^2+(BR+E)v+(AR^2+DR+F)=0$$

有重根或

$$(BR+E)^2-4C(AR^2+DR+F)=0 \quad ④$$

对于 $u=-R,v=R$ 和 $v=-R$ 的相应条件分别是

$$(-BR+E)^2-4C(AR^2-DR+F)=0 \quad ⑤$$

$$(BR+D)^2-4A(CR^2+ER+F)=0 \quad ⑥$$

$$(-BR+D)^2-4A(CR^2-ER+F)=0 \quad ⑦$$

从式 ⑤ 减去式 ④ 并除以 $4R$ 得

$$2CD-BE=0 \quad ⑧$$

类似地,从式 ⑥ 和 ⑦ 得

$$-BD+2AE=0 \quad ⑨$$

由于 ⑧,⑨ 和 ③,$D=E=0$,因此 ④ 和 ⑤ 分别变成

$$B^2R^2-4ACR^2-4CF=0$$

$$B^2R^2-4ACR^2-4AF=0$$

因为 $F\neq 0$,我们有 $A=C$,这意味着椭圆有沿着直线 $u\pm v=0$ 的轴.

A-5 证明:如果 n 是大于 1 的整数,则 n 不能整除 2^n-1.

证 假定对某个 $n>1$,n 整除 2^n-1.因为 2^n-1 是奇数,所以 n 是奇数.设 p 是 n 的最小素因子,因为 p 是奇数,则由欧拉

(Euler) 定理得 $2^{\phi(p)}\equiv 1(\bmod p)$. 如果 λ 是使得 $2^{\lambda}\equiv 1(\bmod p)$ 的最小正整数,则 λ 整除 $\phi(p)=p-1$. 因此 λ 有比 p 较小的素因子. 但 $2^{n}\equiv 1(\bmod p)$,因此 λ 也整除 n. 这意味着 n 有比 p 小的素因子,矛盾.

A－6　设 $f(x)$ 是在 $0\leqslant x\leqslant 1$ 上的可积函数,而且假定 $\int_0^1 f(x)\mathrm{d}x=0$, $\int_0^1 xf(x)\mathrm{d}x=0,\cdots,\int_0^1 x^{n-1}f(x)\mathrm{d}x=0$ 和 $\int_0^1 x^n f(x)\mathrm{d}x=1$. 证明:在正测度集内有 $|f(x)|\geqslant 2^n(n+1)$.

证　给定的条件蕴涵

$$\int_0^1\left(x-\frac{1}{2}\right)^n f(x)\mathrm{d}x=1$$

假定除一个零测度集合外

$$|f(x)|<2^n(n+1)$$

则 $1=\int_0^1\left(x-\frac{1}{2}\right)^n f(x)\mathrm{d}x<2^n(n+1)\int_0^1\left|x-\frac{1}{2}\right|^n\mathrm{d}x=1$

矛盾.

B－1　证明:级数 $\sum_{n=0}^{\infty}(x^n(x-1)^{2n})/n!$ 的幂级数表示不能有三个连续的零系数.

证法1　对于所提议的解,问题能以更一般的形式陈述:如果 $P(x)$ 是三次多项式,则对于 $\exp(P(x))$ 关于任何点的级数展开将没有三个连续的零系数.

如果 $f(x)=\exp(P(x))$,此处 $P(x)$ 是三次多项式,则 $f'=f\cdot P'$ 且 $f''=f'\cdot P'+f\cdot P''$. 一般地,对于 $k\geqslant 2$,有

$$f^{(k+1)}=f^{(k)}P'+\binom{k}{1}f^{(k-1)}P''+\binom{k}{2}f^{(k-2)}P''' \quad ①$$

从 ① 推得:如果在某个(实或复的)点 x_0

$$f^{(k-2)}(x_0)=f^{(k-1)}(x_0)=f^{(k)}(x_0)=0$$

则也有 $f^{(k+1)}(x_0)=0$,应用同样的论证,对于 $\mu=k+2,k+3,\cdots$,都有 $f^{(\mu)}(x_0)=0$,因此 $f(x)$ 将简化为多项式. 这显然是不可能的.

证法2　在问题的给定形式中,可以证明没有一个 x^k 的系数为零. 如果 $0\leqslant k-n\leqslant 2n$ 或等价地 $k/3\leqslant n\leqslant k$,则乘积

$x^n(1-x)^{2n}$ 中 x^k 有非零系数. 此系数是整数

$$(-1)^{k-n}\binom{2n}{n-k}$$

我们把它表示为 $a(n,k)$. 在给定的级数中 x^k 的系数是

$$C_k=\sum_{n=[\frac{k}{3}]+1}^{k}\frac{a(n,k)}{n!}$$

以 $(k-1)!$ 遍乘此和式，除最后一项外每一项将变为一个整数，最后一项变为 $1/k$. 因为对于 $k>1$ 来说 $(k-1)!$ 乘以 C_k 不是整数，而 $C_1=C_0=1$，因此在给定的 x 的幂级数展开式中不存在零系数.

B－2　一质点从静止开始在直线上运动，而且在越过一段距离 s_0 后达到速度 v_0. 如果运动使加速度永远不增加，求横越的最大时间.

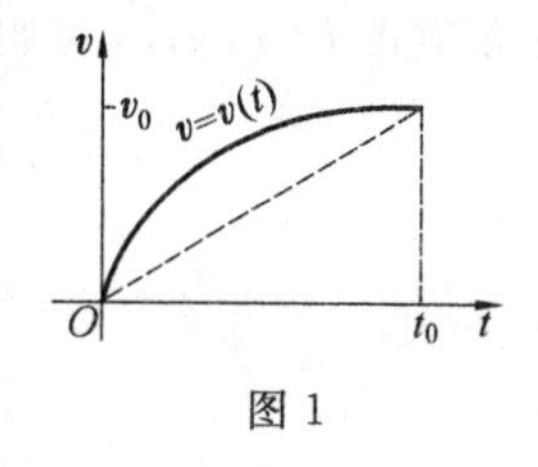

图 1

如果 v_0 是零或负数，对于横越不存在最大时间 t_0. 在 $v_0=0$ 的情形，运动方程

$$S=s_0\left(3\left(\frac{t}{t_0}\right)^2-3\left(\frac{t}{t_0}\right)^3\right)$$

$$0\leqslant t\leqslant t_0$$

对于任何 $t_0>0$ 都满足问题的条件.

解　我们取 v_0 为正数(见边注)，而且考察作为 t 的函数 v 的图形(图 1). 从给定的资料我们知道曲线从原点出发而且向下凹，因为加速度 $a=\mathrm{d}v/\mathrm{d}t$ 不增加，设 t_0 是横越的时间，则 $v(t_0)=v_0$. 距离 s_0 由曲线 $v=v(t)$，t 轴和直线 $t=t_0$ 所界的面积来表示. 顶点在 $(0,0)$，$(t_0,0)$ 和 (t_0,v_0) 的直角三角形有小于或等于 s_0 的面积，于是

$$\frac{1}{2}v_0t_0\leqslant s_0 \text{ 或 } t_0\leqslant\frac{2s_0}{v_0}$$

当 $v(t)$ 的图形是直线 $v(t)=(v_0/t_0)t=(v_0^2/2s_0)t$ 时，等号是可能的而且给出 t_0 的最大值(对给定的 s_0 和 v_0).

B－3　设 A 和 B 是一个群中的两个元素，使得 $ABA=BA^2B$，$A^3=1$ 和对某个正整数 n，$B^{2n-1}=1$. 证明：$B=1$.

证法 1　从 $ABA=BA^2B=BA^{-1}B$，我们有

$$AB^2=ABA\cdot A^{-1}B=BA^{-1}BA^{-1}B=BA^{-1}ABA=B^2A$$

应用归纳法得 $AB^{2r}=B^{2r}A$，因此 $AB=AB^{2n}=B^{2n}A=BA$. 因为 A 和 B 可交换，所以 $ABA=BA^2B$ 蕴涵 $A^2B=A^2B^2$ 或 $B=B^2$ 或 $B=1$.

证法 2　通过把 A，B 表示为同一个群元素的幂可以证明 A

和 B 是可交换的. 因为 $A^3=1$,它引起在 $ABA=BA^2B$ 中右乘 A^2 然后左乘 BA^2 得到 $B^2=(BA^2)^3$. 令 $X=BA^2$ 并利用 $B^{2n}=B$ 得到

$$B=X^{3n} \quad ①$$

从 $X=BA^2$,我们得到 $XA=B,A=X^{-1}B$ 或 $A=X^{3n-1}B=1$ 的结论,和前面一样.

B－4　设 n 是大于1的整数. 证明:存在具有整系数的多项式 $P(x,y,z)$,使得 $x\equiv P(x^n,x^{n+1},x+x^{n+2})$.

证　设 $x=t^n,y=t^{n+1},z=t+t^{n+2}$,我们构造一个具有整系数的多项式 $P(x,y,z)$ 使得 $P(x,y,z)=t$. 我们有

$$z=t+t^{n+2}$$
$$zy=t^{n+2}+t^{2n+3}$$
$$zy^2=t^{2n+3}+t^{3n+4}$$
$$\vdots$$
$$zy^{n-2}=t^{n^2-n-1}+t^{n^2}$$

以上方程交替地乘以 1 和 －1 并相加,得

$$z(1-y+y^2-\cdots(-1)^{n-2}y^{n-2})=$$
$$t+(-1)^{n-2}t^{n^2}=t+(-1)^nx^n$$

因此,如果我们定义

$$P(x,y,z)=z\Big(\sum_{i=0}^{n-2}(-1)^iy^i\Big)+(-1)^{n-1}x^n$$

则
$$P(t^n,t^{n+1},t+t^{n+2})=t$$

B－5　如果(非平面的)挠四边形的对角成对相等,证明:对边也成对相等.

证法 1　对于挠四边形 $ABCD$,设 $AB=a,BC=b,CD=c,DA=d,AC=x,BD=y$. 这些长度中没有一个为零. 按照余弦定理

$$\frac{a^2+b^2-x^2}{ab}=\frac{c^2+d^2-x^2}{cd}$$

或
$$(ab-cd)x^2=(bc-ad)(ac-bd)$$

类似地
$$(ad-bc)y^2=(cd-ab)(ac-bd)$$

(1) $(ab-cd)=0$,则 $ad-bc=0$,而且 $a=c,b=d$.

(2) $ab-cd\neq 0$,则 $bc-ad\neq 0,ac-bd\neq 0$,而且 $x^2y^2=(ac-bd)^2$.

因此 $ac=xy+bd$ 或 $bd=ac+xy$.

由托勒密(Ptolemy)定理(空间的),$ABCD$ 必定共圆,这违反

绕四边形的条件.

证法 2 如果 $AC=BC$ 和 $AD=BD$，则结论 $AC=BD$ 和 $BC=AD$ 是显然的(图 1)，因此假定 $AC\neq BC$. 由于这一假定，我们首先证明 $BD=AC$. 如果 $BD\neq AC$，则在 $\triangle ADB$ 的平面内存在唯一的点 D^*，具有条件 $BD^*=AC$，$AD^*=CB$，$\angle AD^*B=\angle ACB=\theta$. 从 $\triangle ADE$ 和 $\triangle BD^*E$ 推得 $\angle DAE=\angle D^*BE$.

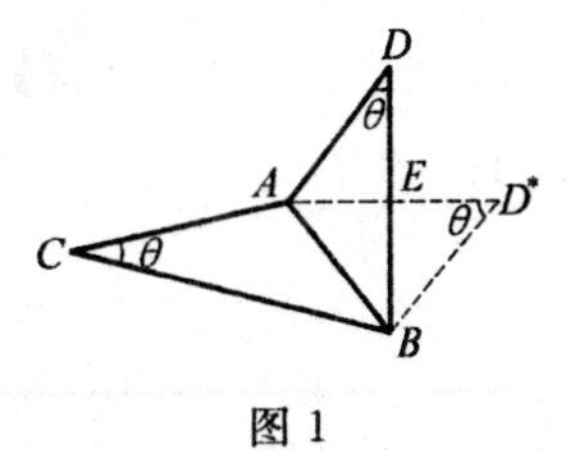

图 1

从 $\triangle CD^*A$ 和 $\triangle CD^*B$ 的全等推得 $\angle CAD^*=\angle CBD^*$. 这些角度的相等证明了三面角 $A-CDD^*$ 和 $B-CDD^*$ 是全等的. 因此由 $\overrightarrow{CA}$ 与平面 ADD^* 所组成的角度等于 $\overrightarrow{CB}$ 与平面 BDD^* 所组成的角度. 如果 H 是从 C 到此平面的垂足，则 $\triangle CHA$ 和 $\triangle CHB$ 是全等的直角三角形，即 $AC=CB$. 这是矛盾的，因此 $BD=AC$.

在上面的证明中交换 B 与 A 的角色可以证明 $AD=BC$.

B－6 设 $n_1<n_2<n_3<\cdots<n_k$ 是正整数的集合. 证明：多项式 $1+z^{n_1}+z^{n_2}+\cdots+z^{n_k}$ 在圆 $|z|<(\sqrt{5}-1)/2$ 内没有根.

证 设 $P(z)$ 表示给定的多项式. $1/(1-z)-2P(z)$ 的幂级数展开式有系数 ± 1，而且首项系数为 -1，因此

$$\left|1+\frac{1}{1-z}-2P(z)\right|\leqslant |z|+|z|^2+\cdots=\frac{|z|}{1-|z|}$$

又

$$|2P(z)|\geqslant\left|1+\frac{1}{1-z}\right|-\left|1+\frac{1}{1-z}-2P(z)\right|\geqslant$$
$$1+\frac{1}{1+|z|}-\frac{|z|}{1-|z|}=2\,\frac{1-|z|-|z|^2}{1-|z|^2}$$

对于 $|z|<(\sqrt{5}-1)/2$ 来说后面的项是正的.

第34届美国大学生数学竞赛

A－1 (1) 设$\triangle ABC$是任意三角形,又设X,Y,Z分别是边BC,CA,AB上的点.假定距离$\overline{BX}\leqslant\overline{XC}$,$\overline{CY}\leqslant\overline{YA}$,$\overline{AZ}\leqslant\overline{ZB}$(图1).证明:$\triangle XYZ$的面积大于或等于$\triangle ABC$的面积的1/4.

(2) 设$\triangle ABC$是任意三角形,又设X,Y,Z分别是边BC,CA,AB上的点(但没有任何关于距离比例$\overline{BX}/\overline{XC}$等的假定,见图1和图2).应用(1)或任何另外的方法,证明:三个角所在的$\triangle AZY$,$\triangle BXZ$,$\triangle CYX$中有一个的面积小于或等于$\triangle XYZ$的面积.

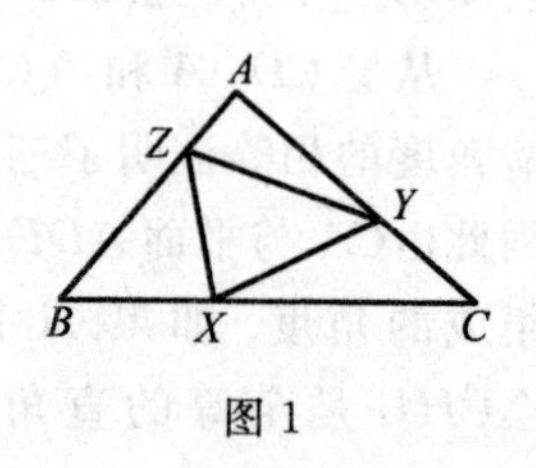

图1

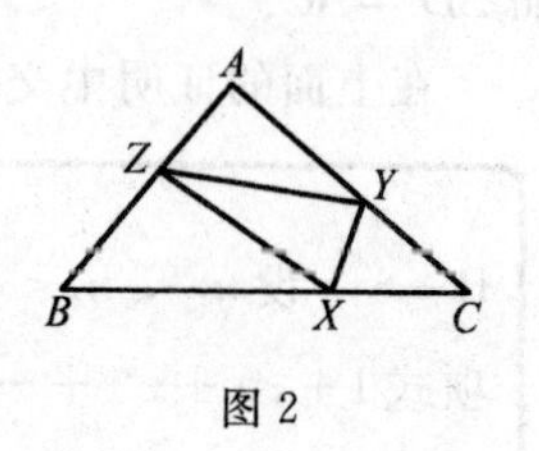

图2

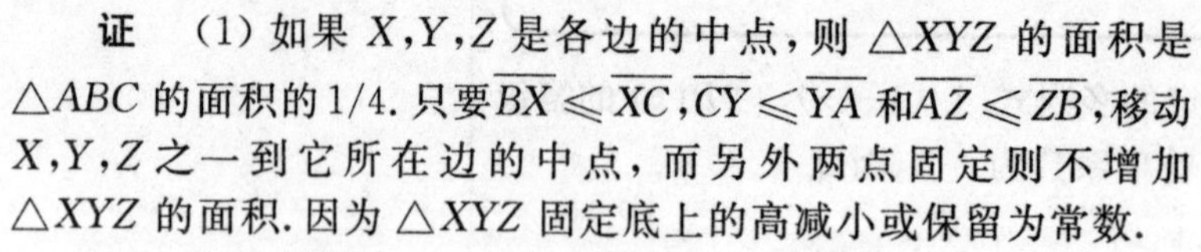

证 (1) 如果X,Y,Z是各边的中点,则$\triangle XYZ$的面积是$\triangle ABC$的面积的1/4.只要$\overline{BX}\leqslant\overline{XC}$,$\overline{CY}\leqslant\overline{YA}$和$\overline{AZ}\leqslant\overline{ZB}$,移动$X,Y,Z$之一到它所在边的中点,而另外两点固定则不增加$\triangle XYZ$的面积.因为$\triangle XYZ$固定底上的高减小或保留为常数.

(2) 在(1)的假定下,三个角所在的三角形的面积不超过总面积的3/4.因此它们中的某一个必有小于$\triangle XYZ$的面积,所有另外的情形类似于$\overline{XC}<\overline{BX}$和$\overline{CY}<\overline{YA}$的情形,底$XY$上高的研究表明$\triangle CYX$有比$\triangle XYZ$较小的面积.

A－2 研究一个无穷级数,它的第n项是$\pm(1/n)$,"±"符号根据8个符号为一组周期地重复的模型所决定.有2^8种可能的模型,它们中的两个例子是

$$++----++$$
$$+---+---$$

第一个例子产生级数

$$1+\frac{1}{2}-\frac{1}{3}-\frac{1}{4}-\frac{1}{5}-\frac{1}{6}+\frac{1}{7}+$$
$$\frac{1}{8}+\frac{1}{9}+\frac{1}{10}-\frac{1}{11}-\frac{1}{12}-\cdots$$

(1) 证明:此级数为条件收敛的充分条件是在8个符号组中存在4个"+"号和4个"－"号.

(2) 此充分条件是否也是必要条件?

(此处"收敛"意味着"收敛到有限极限")

证 两部分的思想是类似的，而且(2)的答案为“是的”. 设 u_n 是第 n 项 $\pm 1/n$，$S_n = u_1 + \cdots + u_n$. 因为 $n \to \infty$ 时 $u_n \to 0$，$\{S_n\}$ 收敛当且仅当 $\{S_{8m}\}$ 收敛. 应用

$$\frac{1}{n} - \frac{1}{n+k} = \frac{k}{n(n+k)}$$

$\sum(1/n^2)$ 收敛和 $\sum(1/n)$ 发散的事实，可以证明：在每个符号组中具有 4 个“+”号和 4 个“−”号的 $\{S_{8m}\}$ 作为 4 个收敛序列逐项求和而收敛. 而符号的不对称性使 $\{S_{8m}\}$ 作为收敛与发散序列的和而发散.

A－3 设 n 是一个固定的正整数，又设 $b(n)$ 是

$$k + \frac{n}{k}$$

当 k 跑遍所有正整数时的最小值. 证明：$b(n)$ 与 $\sqrt{4n+1}$ 有相同的整数部分(实数的整数部分是不超过它的最大整数，例如 π 的整数部分是 3，$\sqrt{21}$ 的整数部分是 4，而 5 的整数部分是 5 等).

证 设 $c(n) = \sqrt{4n+1}$，又设 $[x]$ 表示 x 的最大整数，则我们希望证明 $[b(n)] = [c(n)]$. 设 $k(n)$ 是使 $k + n/k$ 最小的 k 的值，则

$$b(n-1) \leqslant k(n) + \{n - \frac{1}{k(n)}\} <$$

$$k(n) + \{\frac{n}{k(n)}\} = b(n)$$

即 $b(n-1) < b(n)$. 设 m 是正整数，则

$$b(m^2) = 2m, b(m^2 + m) = 2m + 1 \qquad ①$$

从公式 ① 和 $b(n)$ 的严格递增性推得

$$[b(n)] = 2m, m^2 \leqslant n < m^2 + m$$

$$[b(n)] = 2m + 1, m^2 + m \leqslant n < (m+1)^2 \qquad ②$$

另一方面，$c(n)$ 也是递增函数，而且

$$c(m^2 - 1) = \sqrt{4m^2 - 3} < 2m$$

$$c(m^2) = \sqrt{4m^2 + 1} > 2m$$

$$c(m^2 + m) = \sqrt{4m^2 + 4m + 1} = 2m + 1$$

这些事实表明 $[c(n)]$ 代替 $[b(n)]$ 时，式 ② 仍为真.

A－4 在实直线上函数 $f(x) = 2^x - 1 - x^2$ 有多少个零点(所谓函数 f 的零点，我们指的是在函数 f 的定义域中(此处为所有实数的集合)使 $f(x_0) = 0$ 的值 x_0)?

解 三个，在 0，1 和某个 $x>1$ 处. 前面两点是明显的，另外一点从 $f(4)<0$ 和 $f(5)>0$ 或从 $f'(1)<0$ 且 $x\to+\infty$ 时 $f(x)\to+\infty$ 而推得，没有更多的零点，因为应用扩张的罗尔(Rolle) 定理，f 的四个零点将推出 f''' 的一个零点；但对于一切 x，$f'''(x)=(\ln 2)^3 2^x\neq 0$.

A－5 一质点在三维空间中根据方程

$$\frac{\mathrm{d}x}{\mathrm{d}t}=yz,\frac{\mathrm{d}y}{\mathrm{d}t}=zx,\frac{\mathrm{d}z}{\mathrm{d}t}=xy$$

运动(此处 $x(t)$，$y(t)$，$z(t)$ 是实变数 t 的实值函数). 证明：

(1) 如果 $x(0)$，$y(0)$，$z(0)$ 中的两个等于零，则质点永远不运动.

(2) 如果 $x(0)=y(0)=1$，$z(0)=0$，则解是

$$x=\sec t,y=\sec t,z=\tan t$$

但若 $x(0)=y(0)=1$，$z(0)=-1$，则

$$x=\frac{1}{t+1},y=\frac{1}{t+1},z=-\frac{1}{t+1}$$

(3) 如果 $x(0)$，$y(0)$，$z(0)$ 中至少有两个值不等于零，那么或者在未来的某有限时间内移至无穷远，或者在过去的某有限时间内来自无穷远(如果三维空间中一点与原点的距离趋向于无穷，则说此点运动至无穷远).

(4) 证明下列事实不可能：对于位于欧氏平面中的七条不同的直线，至少有六点使得在每个点上恰有这些直线中的三条相交，而且至少有四点使得在每个点上恰有这些直线中的两条相交.

证 (1) 如果 $x(0)$，$y(0)$，$z(0)$ 中的两个等于零，则 $x'(0)=y'(0)=z'(0)=0$，而且唯一性定理适用(方程显然满足李普希茨(Lipschitz) 条件).

(2) 显然(这一点打算作为(3) 的提示).

(3) 现在写下对称形式的方程

$$xx'=yy'=zz'=xyz$$

于是

$$x^2-c_1=y^2-c_2=z^2-c_3$$

其中 c_i 为常数，不失普遍性，设 $c_1\geqslant c_2\geqslant c_3$，于是可令 $c_3=0$. 因此 $z^2\leqslant y^2\leqslant x^2$，而且

$$z^2=x^2-c_1=y^2-c_2,c_i\geqslant 0$$

$$\frac{\mathrm{d}z}{\mathrm{d}t}=\pm\sqrt{(z^2+c_1)(z^2+c_2)}$$

现在设 t 在使 $|z|$ 增加的方向运动(这依赖于 z 的符号和平方根的“±”符号).

为了简化，假定 $z(0) \geqslant 0$，而且假定平方根的符号取"+"，则设时间正向地运动. 因为

$$t=\int \frac{\mathrm{d}z}{\sqrt{(z^2+c_1)(z^2+c_2)}}$$

而且 z 积分收敛，因此有限时间足够把 z 推向无穷远.

A－6　试证：对于欧氏平面上的七条不同的直线，不可能其中的三条恰好至少交于六个点，而其中的两条恰好至少交于四个点.

证　在平面内任何两条不同的直线至多交于一点，共有 $\binom{7}{2}=21$ 对直线. 三重交点占这些直线对的三对，而简单的交点占一对.

最后，$6\times 3+4\times 1=22>21$.

B－1　设 $a_1,a_2,\cdots,a_{2n+1}$ 是整数的集合，它满足条件：如果去掉它们中的任何一个数，留下的数可以分成具有相等和数的 n 个整数的两个集合. 证明：$a_1=a_2=\cdots=a_{2n+1}$.

证　因为不论哪个 a_i 移去，留下的 $2n$ 个整数的和总是偶数，因此所有的 a_i 必有相同的奇偶性. 类似的讨论可以证明它们都是 (mod 4) 同余的；因为对于 a_i 成立的性质（按照 a_i 都是偶数或奇数）也对整数 $a_i/2$ 或 $(a_i-1)/2$ 成立. 继续这种方法，对于每个 k，所有 a_i 都 (mod 2^k) 同余. 对于整数来说，这种情况仅当它们都相等时才有可能.

B－2　设 $z=x+\mathrm{i}y$ 是复数，其中 x 和 y 是有理数且 $|z|=1$. 证明：对每个整数 n 来说，数 $|z^{2n}-1|$ 是有理的.

证　设 $z=\mathrm{e}^{\theta\mathrm{i}}$ 和 $z^n=w=u+\mathrm{i}v$（其中 u 和 v 是实数）. 利用 $u^2+v^2=1$，则

$$|z^{2n}-1|=|w^2-1|=[(u^2-v^2-1)^2+(2uv)^2]^{\frac{1}{2}}=2|v|$$

（利用等腰三角形也容易几何地证明 $|z^{2n}-1|=2|\sin n\theta|$）. 因此只需证明当 $x=\cos\theta$ 和 $y=\sin\theta$ 是有理数时 $v=\sin n\theta$ 也是有理数. 对于 $n\geqslant 0$，它从 $(x+\mathrm{i}y)^n=u+\mathrm{i}v$ 推得，或利用正弦与余弦的加法公式通过数学归纳法加以证明. $n<0$ 的情形则利用 $\sin(-\alpha)=-\sin\alpha$ 推得.

B－3　研究整数 $p>1$，它具有性质：对于满足 $0\leqslant x<p$ 的一切整数 x，多项式 x^2-x+p 取素数(例如 $p=5$ 和 $p=41$ 具有这一性质)．证明：恰好存在一组整数 a,b,c 满足

$$b^2-4ac=1-4p$$

$$0<a\leqslant c$$

$$-a\leqslant b<a$$

证　满足条件的一个三数组 (a,b,c) 是 $(1,-1,p)$，还需要证明这是唯一的解答．显然 b 必定是奇数，因为 $b^2\equiv 1(\bmod 4)$．又 $b^2=(-b)^2$，因此记 $|b|=2x-1$，则 $b^2-4ac=1-4p$，给出

$$x^2-x+p=ac$$

如果 $0\leqslant x<p$，则假设告诉我们 ac 是素数，因此从条件 $0<a\leqslant c$ 推得 $a=1$．从 $-a\leqslant b<a$ 和 b 的奇性推出 $b=-1$．又 $1-4p=b^2-4ac=1-4c$ 给出 $c=p$．因为 $x=(|b|+1)/2\geqslant 0$，因此只需证明 $x<p$ 即可．因为 $|b|\leqslant a\leqslant c$，$b^2-4ac=1-4p$ 和 $p\geqslant 2$，因此我们应用

$$3a^2=4a^2-a^2\leqslant 4ac-b^2=4p-1$$

$$|b|\leqslant a\leqslant\sqrt{\frac{4p-1}{3}}$$

$$x=\frac{|b|+1}{2}<\sqrt{\frac{p}{3}}+\frac{1}{2}<p$$

可以明白 $x<p$．

B－4　(1)在 $[0,1]$ 上，设 f 有满足 $0<f'(x)\leqslant 1$ 的连续导数，而且假定 $f(0)=0$．证明

$$\left(\int_0^1 f(x)\mathrm{d}x\right)^2\geqslant\int_0^1(f(x))^3\mathrm{d}x$$

(提示：用包含 f 的反函数的不等式来代替此不等式)

(2)给出一个出现等式的例子．

证　我们给出两种解法：第一种不用提示而第二种则用提示．由 Amherst 大学 J. G. Mauldon 教授提出的下述定理和证明提供了第一种解法．(这种解法与此题解答者中除一人外的其他所有人提供的解法是类似的)

定理　如果 f 在 $[0,1]$ 上连续，$f(0)=0$ 且在 $(0,1)$ 内有 $0\leqslant f'(x)\leqslant 1$，则

$$\left(\int_0^1 f(x)\mathrm{d}x\right)^2>\int_0^1(f(x))^3\mathrm{d}x$$

除非在[0,1]上恒等地有 $f(x)=x$ 或 $f(x)=0$.

定理的证明 对于 $t\in[0,1]$ 定义 $G(t)=2\int_0^t f(x)\mathrm{d}x-(f(t))^2$,则 $G(0)=0$ 和 $G'(t)=2f(t)(1-f'(t))\geqslant 0$,因此 $G(t)\geqslant 0$,于是 $f(t)G(t)\geqslant 0$.

现在对于 $t\in[0,1]$ 定义

$$F(t)=\left(\int_0^t f(x)\mathrm{d}x\right)-\int_0^t (f(x))^3\mathrm{d}x$$

则 $F(0)=0$ 和 $F'(t)=f(t)G(t)\geqslant 0$,因此 $F(t)\geqslant 0$,特别 $F(1)\geqslant 0$.

仅当对一切 t,$f(t)G(t)=F'(t)=0$ 时等式成为可能.由此推出:对某个 k,在 $[0,k]$ 上 $f=0$ 且在 $(k,1)$ 内 $f>0$,同时 $G'=0$,然后在 $(k,1)$ 上有 $f'=1$.这仅当 $k=0$ 或 $k=1$ 才行,因为否则 $f'(k)$ 同时既确定又非确定.

对(2)的唯一的答案是 $f(x)=x$.下面是应用提示证明(1)的一个大纲.设 $f(1)=c$,由题设推出 f 有反函数 g,且在 $0\leqslant y\leqslant c$ 上有 $g'(y)\geqslant 1$.设

$$A=\left(\int_0^1 f(x)\mathrm{d}x\right)^2, B=\int_0^1 (f(x))^3\mathrm{d}x$$

则利用被积函数关于直线 $y=z$ 的对称性有

$$A=\left(\int_0^C yg'(y)\mathrm{d}y\right)^2=\int_0^C\int_0^C yg'(y)zg'(z)\mathrm{d}z\mathrm{d}y=$$

$$2\int_0^C\int_0^z yg'(y)zg'(z)\mathrm{d}y\mathrm{d}z$$

现在由 $g'(y)\geqslant 1$ 推出

$$A\geqslant\int_0^C zg'(z)\left(\int_0^z 2y\mathrm{d}y\right)\mathrm{d}z=\int_0^C z^3g'(z)\mathrm{d}z=B$$

B-5 (1)设 z 是二次方程

$$az^2+bz+c=0$$

的解,又设 n 是正整数.证明:z 能表示为 z^n,a,b,c 的有理函数.

(2)应用(1)或用任何另外的方法,把 x 表示为 x^3 和 $x+(1/x)$ 的有理函数(把你的解答列成清楚的直观的显式).

(所谓几个变量的有理函数我们指的是那些变量的多项式的商,这些多项式以有理数作为系数,而且分母不恒等于零.于是为了得到 x 作为 $u=x^3$ 和 $v=x+(1/x)$ 的有理函数,我们可以写成 $x=(u+1)/v$)

证 (1)设 $r=-b/a$ 和 $s=-c/a$,又设 p_n 和 q_n 是由初始条件

$p_0=0,p_1=1,q_0=1,q_1=0$ 和对于 $n>1$ 的循环公式 $p_n=rp_{n-1}+sp_{n-2},q_n=rq_{n-1}+sq_{n-2}$ 所确定的 r 和 s 的多项式. 应用 $z^n=rz^{n-1}+sz^{n-2}$ 和数学归纳法,我们可以证明 $z^n=p_nz+q_n$ 和 $p_n(r,s)$ 的所有系数都是正的. 对 $z=(z^n-q_n(-b/a,-c/a))/p_n(-b/a,-c/a)$ 的右端的分子、分母乘以 a 的适当的幂次引导到 $z=F(z^n,a,b,c)/G(a,b,c)$,此处 F 和 G 是具有整数系数的多项式. 因为 $p_n(r,s)$ 的所有系数都是正的,所以结论对于 $G(a,b,c)$ 同样为真,因此 $G(a,b,c)$ 不恒等于零,而且 F/G 是所需要的有理函数.

(2) 设 $v=x+(1/x)$,则 $x^2-vx+1=0$. 应用(1)并以 x 代替 z,我们求得 $x^3=p_3x+q_3$,其中 $p_3=v^2-1,q_3=-v$,因此

$$x=\frac{x^3-q_3}{p_3}=\frac{x^3+v}{v^2-1}$$

B－6　在区域 $0\leqslant\theta\leqslant 2\pi$ 上:

(1) 证明: $\sin^2\theta\cdot\sin 2\theta$ 在 $\pi/3$ 和 $4\pi/3$ 处取它的最大值(因此在 $2\pi/3$ 和 $5\pi/3$ 处取它的最小值).

(2) 证明

$$|\sin^2\theta\{\sin^3(2\theta)\cdot\sin^3(4\theta)\cdot\cdots\cdot\sin^3(2^{n-1}\theta)\}\sin(2^n\theta)|$$

在 $\theta=\pi/3$ 处取它的最大值(最大值也可以在另外的点达到).

(3) 导出不等式

$$\sin^2\theta\cdot\sin^2(2\theta)\cdot\sin^2(4\theta)\cdot\cdots\cdot\sin^2(2^n\theta)\leqslant\left(\frac{3}{4}\right)^n$$

证　(1) 简单的计算.

(2) 用归纳法. $n=1$ 的情形刚好是(1). 现在 $n+1$ 的表达式对 n 的表达式的比等于

$$|\sin^2 2^n\theta\cdot\sin 2^{n+1}\theta|$$

因为 $\theta=\pi/3$ 给出 $2^n\theta\equiv 2\pi/3$ 或 $4\pi/3(\bmod 2\pi)$,所以这一比值在 $\theta=\pi/3$ 时达到最大,因此由归纳法知整个表达式在 $\theta=\pi/3$ 时达最大值.

(3) 令 $\theta=\pi/3$,并且注意到(2)部分的表达式严格地等于 $(3/4)^{3n/2}$,它的 $2/3$ 次幂等于 $(3/4)^n$,那是最大值,在(2)中的表达式的 $2/3$ 次幂一般小于或等于 $(3/4)^n$. 为了从它那里得到(3)中的表达式,我们将增加两端因子 $\sin 2^n\theta$ 和 $\sin^n\theta$ 的幂次,这只会减少其乘积,因为 $|\sin\theta|\leqslant 1$.

第35届美国大学生数学竞赛

A－1 称正整数集为共谋的(conspiratorial)，如果它们中没有三个数两两互素(一个整数集是两两互素的，如果它们中没有一对数有大于1的公因子). 在整数1到16的任何共谋的子集内元素的最大个数是多少？

解 $\{1,2,\cdots,16\}$的一个共谋子集从两两互素的集合$\{1,2,3,5,7,11,13\}$中至多取两个数，因此至多有$16-(7-2)=11$(个)数. 但

$$\{2,3,4,6,8,9,10,12,14,15,16\}$$

是具有11个元素的共谋子集，因此答案是11.

A－2 如图1，一个圆位于垂直于地面的平面内，一点A位于此平面内且在此圆的外部并高出圆的底部. 一质点从静止状态开始由点A无摩擦地沿一倾斜直线滑下直至它到达圆，哪一条直线允许在最短时间内降落？(假定地球引力在整个所包含的区域内是常数，没有相对的影响等)

出发点A和圆是固定的，终止点B允许在圆上改变.

注意：答案可以用指出下降道路的毫不含糊的任何形式给出，不需要求出点B的坐标.

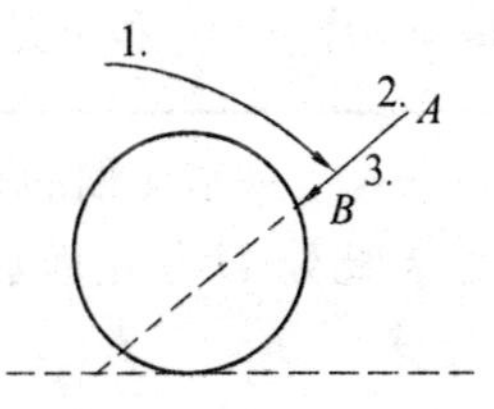

1. 下降路线
2. 出发
3. 停止

图1

解 设C是直线AB与圆的另一交点，又设θ是AB的倾斜角. 设$\overline{AB}=b$和$\overline{AC}=c$，下降时间的平方与$b/\sin\theta$成比例，因此与$1/(c\sin\theta)$成比例，因为大家熟知bc关于θ是常数. 通过最大化$c\sin\theta$，使时间最小，选C作为圆的底，此事能够做到.

A－3　一个熟知的定理断言：一个大于2的素数 p 能够写成两个完全平方数的和($p=m^2+n^2$, m 和 n 是整数) 当且仅当 $p\equiv 1(\bmod 4)$. 使用这一结果，问什么样的素数 $p>2$ 能够利用(不必正的) 整数 x 和 y 写成下列形式中的每一种：

(1) x^2+16y^2；

(2) $4x^2+4xy+5y^2$.

解　如果 $p\equiv 1(\bmod 4)$，则

$$p\equiv 1(\bmod 8) \quad ①$$

或

$$p\equiv 5(\bmod 8) \quad ②$$

我们证明 ① 和 ② 分别是(1) 和(2) 的必要和充分条件. 如果 $p=m^2+n^2$ 而且 p 是奇数，我们可以设 m 是奇数而 n 是偶数，则 $p=m^2+4v^2$ 且 $m^2\equiv 1(\bmod 8)$. 由于①，v 是偶数，因此 $p=m^2+16w^2$. 反之，$p=m^2+16w^2$ 推出 $p\equiv m^2\equiv 1(\bmod 8)$. 由于②，$v$ 是奇数，对某个整数 u，$m=2u+v$ 且 $p=(2u+v)^2+4v^2=4u^2+4uv+5v^2$. 反之，$p=4u^2+4uv+5v^2$ 和 p 是奇数推出 $p=(2u+v)^2+4v^2$ 和 v 是奇数，因此 $p\equiv 5(\bmod 8)$.

A－4　一个无偏的硬币投掷 n 次：$|H-T|$ 的期望值是什么？此处 H 是正面数而 T 是反面数. 换句话说，用封闭形式计算

$$\frac{1}{2^{n-1}}\sum_{k<\frac{n}{2}}(n-2k)\binom{n}{k}$$

(在此问题中“封闭形式”意味着不包含级数的形式，给定的级数能够简化为只包含二项式系数，n 和 2^n 的有理函数和最大整数函数 $[x]$ 的单项式)

解　答案是

$$\frac{n}{2^{n-1}}\binom{n-1}{\left[\frac{n-1}{2}\right]}$$

因为

$$\sum_{k<\frac{n}{2}}[n-2k]\binom{n}{k}=\sum_{k<\frac{n}{2}}\left((n-k)\binom{n}{k}-k\binom{n}{k}\right)=$$

$$\sum_{k<\frac{n}{2}}\left(n\binom{n-1}{k}-n\binom{n-1}{k-1}\right)=$$

$$n\sum_{k<\frac{n}{2}}\left(\binom{n-1}{k}-\binom{n-1}{k-1}\right)=$$
$$n\binom{n-1}{\left[\frac{n-1}{2}\right]}$$

A－5 研究两条互切的抛物线 $y=x^2$ 和 $y=-x^2$（图1，这些抛物线分别有焦点 $(0,1/4)$ 和 $(0,-1/4)$ 以及准线 $y=-1/4$ 和 $y=1/4$）. 上面的抛物线环绕着下面的固定的抛物线无滑动地滚动. 求移动抛物线的焦点的轨迹.

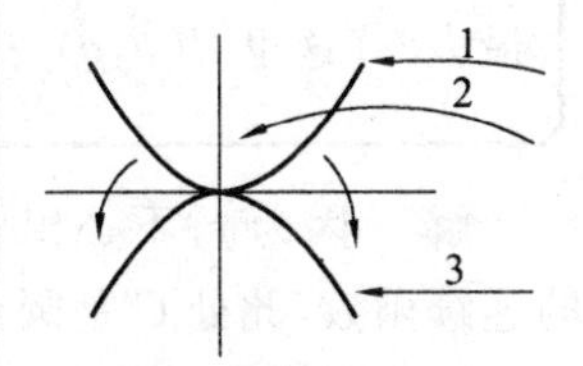

1. 滚动抛物线
2. $(0,\frac{1}{4})$，移动焦点的原来位置
3. 固定抛物线

图 1

解 设 F 是固定的焦点，M 是移动的焦点，而 T 是（变动的）互切点. 抛物线的反射性质告诉我们：在 T 的切线与 FT 和与垂直线作成相等的角度. 此性质和两条抛物线的全等性推出 MT 是垂直的，而且线段 $\overline{FT}$ 和 $\overline{MT}$ 相等. 现在按照抛物线的焦点－准线的定义，M 必在水平的固定的准线 $y=1/4$ 上.

A－6 众所周知，对每个整数 x，多项式 $(x+1)\cdot(x+2)\cdot\cdots\cdot(x+n)$ 刚好被 n 除尽. 给定 n，设 $k=k(n)$ 是使得任意首项系数为 1 的整多项式（具有整数系数的且首项系数为 1 的多项式）

$$f(x)=x^k+a_1x^{k-1}+\cdots+a_k$$

对每个整数 x，$f(x)$ 的值刚好是被 n 除尽的最小次数.

求 n 和 $k=k(n)$ 之间的关系. 特别地，求与 $n=1\ 000\ 000$ 对应的 k 的值.

解 设 $p(k,x)$ 是首项系数为 1 的多项式 $(x+1)\cdot(x+2)\cdot\cdots\cdot(x+k)$，又设 m 是整数，则 $p(k,m)$ 刚好被 $k!$ 除尽，因为商的绝对值是二项式系数（甚至 m 是负数时也是如此）. 因此，如果 $n\mid k!$，则存在次数为 k 的首项系数为 1 的整多项式 $f(x)$，使得对所有整数 m 都有 $n\mid f(m)$. 反之，条件 $n\mid k!$ 是必要的，因为次数为 k 的首项系数为 1 的整多项式的 k 阶差分 $k!$ 被所有 $f(m)$ 值的公因子除尽.

特别地，$k(10^6)=k(5^6\times 2^6)=25$，因为具有条件 $5^6\mid s!$ 的最小的 s 值是 $s=25$.

B－1　在圆 $x^2+y^2=1$ 上的五个点 $p_1,p_2,\cdots,p_5$(不必相异)应怎样分布才能使得10个距离的和

$$\sum_{i<j} d(p_i,p_j)$$

最大?(这里 $d(p,q)$ 表示 p 和 q 之间的直线距离)

解　因为 p_i 不必相异,这个和是在紧集 $C\times C\times C\times C\times C$ 上的连续函数,此处 C 是圆,因此最大值存在.我们证明最大值在 p_j 为正五边形顶点时发生,方法是通过证明这一构形同时使两个和

$$S=d(p_1,p_2)+d(p_2,p_3)+d(p_3,p_4)+d(p_4,p_5)+d(p_5,p_1)$$

$$T=d(p_1,p_3)+d(p_2,p_4)+d(p_3,p_5)+d(p_4,p_1)+d(p_5,p_2)$$

有最大值.对于 S 或 T,可以固定四点,则和的变动部分是

$$D=d(p,a)+d(p,b)$$

的形式,其中 a 和 b 固定.利用正弦定理,证明 D 是常数乘以 $\sin\alpha+\sin\beta$,此处 $\alpha=\angle pab$,$\beta=\angle pab$ 且 $\alpha+\beta$ 是常数.然后容易证明:如果 p 关于 a 和 b 不处于对称地位,则 D 不是最大值.

B－2　设 $y(x)$ 是实变数 x 的连续可微的实值函数.证明:如果当 $x\to+\infty$ 时,$y'^2+y^3\to 0$,则当 $x\to+\infty$ 时,$y(x)$ 和 $y'(x)\to 0$.

证　如果对于趋向于 $+\infty$ 的序列 $\{x_n\}$ 有 $y'(x_n)=0$,则题设保证了 $y(x_n)\to 0$.因为这些 x_n 可以包括任何的相对极大与极小,因此在这种情形,当 $x\to+\infty$ 时,必有 $y(x)\to 0$.从而当 $x\to+\infty$,也有 $y'(x)\to 0$.

在其余情形,存在 x_0 使得当 $x>x_0$ 时,有 $y'\neq 0$,因此 $(y')^2>0$.我们限制在 $x>x_0$ 的情形,并且研究两种再细分的情形.

(1)$y'>0$.如果 y 是上方无界的,则 y^3 和 $(y')^2+y^3$ 也如此,这与假设当 $x\to+\infty$ 时 $y'^2+y^3\to 0$ 矛盾.如果 y 是上方有界的,则它趋向于有限的极限.于是 y^3,$(y')^2$ 和 y' 趋向于极限.因为 y 是有界的,因此 y' 的极限必为零,从而 y 也以零作为它的极限.

(2)$y'<0$.如果 y 不是下方无界的,则不存在问题.因此我们可以假定 $y<0$,而且将 y 与微分方程

$$y'=-\frac{1}{2}|y|^{\frac{3}{2}},y<0$$

的解进行比较.每个解在有限区间内发散到 $-\infty$,因此 $y(x)$ 也是如此.这与对一切大的 x,y 有定义且光滑的假设矛盾.

B－3 证明:如果 α 是满足

$$\cos \pi\alpha = \frac{1}{3}$$

的实数,则 α 是无理数.(角 $\pi\alpha$ 是弧度)

证 如果 $\alpha = r/s$,其中 r 和 s 是整数且 $s > 0$,则 $\cos n\pi\alpha$ 由于 n 只选整数而最多取 $2s$ 个不同的值.当 $\cos \pi\alpha = 1/3$ 时,公式 $\cos 2\theta = 2\cos^2\theta - 1$ 和数学归纳法可以用来证明[①]

$$\cos 2^m \pi\alpha = \frac{t}{3^{2^{m-1}}}, m = 1,2,3,\cdots$$

且 t 是一个不能被 3 除尽的整数,因此这些余弦形成了无限集合.于是 α 是无理数.

B－4 在标准定义中,两个实变数的实值函数 $g:\mathbf{R}^2 \to \mathbf{R}^1$ 是连续的,如果对于每一点 $(x_0, y_0) \in \mathbf{R}^2$ 和每个 $\varepsilon > 0$,存在对应的 $\delta > 0$,使得 $((x - x_0)^2 + (y - y_0)^2)^{1/2} < \delta$ 蕴涵 $|g(x,y) - g(x_0, y_0)| < \varepsilon$.

相反,$f:\mathbf{R}^2 \to \mathbf{R}^1$ 称为对每个变量分别连续,如果对 y 的每个固定值 y_0,函数 $f(x, y_0)$ 作为 x 的函数按照通常意义是连续的,类似地,$f(x_0, y)$ 对每个固定的 x_0 作为 y 的函数是连续的.

设 $f:\mathbf{R}^2 \to \mathbf{R}^1$ 对每个变量分别是连续的.证明:存在一个连续函数序列 $g_n:\mathbf{R}^2 \to \mathbf{R}^1$ 使得对于一切的 $(x,y) \in \mathbf{R}^2$ 都有

$$f(x,y) = \lim_{n\to\infty} g_n(x,y)$$

证 对每个 n,我们构造函数 $g_n(x,y)$ 如下:首先由直线 $\{x = m/n\}$(m 为整数)分 xOy 平面为宽度为 $1/n$ 的垂直长条.现在沿着每条垂直线 $x = m/n$,令 $g_n(x,y) = f(x,y)$,而且在各垂直线之间线性插值(保持 y 固定,而让 x 变动),那么由于 $f(x_0, y)$ 关于 y 连续,故 $g_n(x,y)$ 连续;由于 $f(x, y_0)$ 关于 x 连续,故 $g_n(x,y) \to f(x,y)$.

注 此结果对每个变量分别连续的函数有两个有趣的结果:

① 此式应为 $\cos 2^m \pi\alpha = t_m / 3^{2^m}$,这里 t_m 是一个与 m 有关的、不能被 3 整除的整数.

(1) 这样的函数是波莱尔(Borel)可测的；

(2) 除了第一类拜尔(Baire)点集外，它们是连续的(按通常意义).(特别，不存在对每个变量分别连续而在每一点是不连续的函数)

B－5 证明：对于每个整数 $n \geqslant 0$ 都有

$$1+\frac{n}{1!}+\frac{n^2}{2!}+\cdots+\frac{n^n}{n!}>\frac{e^n}{2}$$

注：我们可假定通常称为泰勒(Taylor)余项的公式

$$e^x-\sum_{k=0}^{n}\frac{x^k}{k!}=\frac{1}{n!}\int_0^x (x-t)^n e^t dt$$

以及

$$n!=\int_0^{\infty} t^n e^{-t} dt$$

证 我们要证明

$$\sum_{h=0}^{n}\frac{n^k}{k!}=e^n-\frac{1}{n!}\int_0^n (n-t)^n e^t dt>\frac{e^n}{2}$$

或等价地证明

$$n!>2e^{-n}\int_0^n (n-t)^n e^t dt$$

$$\int_0^{\infty} t^n e^{-t} dt>2e^{-n}\int_0^n (n-t)^n e^t dt$$

令 $u=n-t$，此式可变换为

$$\int_0^{\infty} t^n e^{-t} dt>2\int_0^n u^n e^{-u} du$$

它等价于

$$\int_n^{\infty} u^n e^{-u} du>\int_0^n u^n e^{-u} du$$

令 $f(u)=u^n e^{-u}$，则只需证明：对于 $0 \leqslant h \leqslant n$，有

$$f(n+h) \geqslant f(n-h)$$

就可以了.这等价于

$$(n+h)^n e^{-h} \geqslant (n-h)^n e^h$$

$$n\ln(n+h)-h \geqslant n\ln(n-h)+h$$

令

$$g(h)=n\ln(n+h)-n\ln(n-h)-2h$$

则 $g(0)=0$，而且对于 $0<h<n$，有

$$\frac{dg}{dn}=\frac{n}{n+h}+\frac{n}{n-h}-2=\frac{2n^2}{n^2-h^2}-2>0$$

因此，对于 $0<h<n$，有 $g(h)>0$，即得所需要的结果.

B－6 对于具有 n 个元素的集合，有多少个子集它的基数（在子集中元素的个数）分别 $\equiv 0 \pmod 3$，$\equiv 1 \pmod 3$，$\equiv 2 \pmod 3$？换句话说，计算

$$S_{i,n}=\sum_{k=i(\bmod 3)}\binom{n}{k}, i=0,1,2$$

你的结果应该是足够强的，它允许直接计算 $S_{i,n}$ 和对一切正整数清楚地说明 $S_{0,n}$ 和 $S_{1,n}$ 及 $S_{2,n}$ 彼此间的关系．特别地，对于 $n=1\ 000$ 说明这三个和之间的关系．（$S_{i,n}$ 定义的一个说明是 $S_{0,6}=\binom{6}{0}+\binom{6}{3}+\binom{6}{6}=22$）

解 设 $n\equiv r \pmod 6$，r 在 $\{0,1,2,3,4,5\}$ 中，则模型是

r	0	1	2	3	4	5
$S_{0,n}$	$a+1$	b	c	$d-1$	e	f
$S_{1,n}$	a	b	$c+1$	d	e	$f-1$
$S_{2,n}$	a	$b-1$	c	d	$e+1$	f

利用公式

$$S_{i,n}=S_{i-1,n-1}+S_{i,n-1}（此处 0-1=2 \pmod 3）$$

并用数学归纳法此结果容易证明，而这些公式可从规则

$$\binom{n}{k}=\binom{n-1}{k-1}+\binom{n-1}{k}$$

立即推得．利用上述模型和公式

$$S_{0,n}+S_{1,n}+S_{2,n}=2^n$$

和数可以很快地计算出来．对于 $n=1\ 000$ 来说，$r=4$，且

$$S_{0,1\,000}=S_{1,1\,000}=S_{2,1\,000}-1=\frac{2^{1\,000}-1}{3}$$

第36届美国大学生数学竞赛

A－1 假定一个整数 n 是两个三角形数的和

$$n=\frac{a^2+a}{2}+\frac{b^2+b}{2}$$

把 $4n+1$ 写为两个平方数之和,$4n+1=x^2+y^2$,证明:x 和 y 能够利用 a 和 b 来表达.

相反地说明:假如 $4n+1=x^2+y^2$,则 n 是两个三角形数之和.

证 设 $n=[(a^2+a)/2]+[(b^2+b)/2]$,$a$ 和 b 为整数,则

$$4n+1=2a^2+2a+2b^2+2b+1=$$
$$(a+b+1)^2+(a-b)^2$$

相反地,设 $4n+1=x^2+y^2$,其中 x 和 y 是整数,则 x 和 y 中恰好有一个是奇数,从而 $a=(x+y-1)/2$ 和 $b=(x-y-1)/2$ 是整数.容易验证 $[(a^2+a)/2]+[(b^2+b)/2]=(x^2+y^2-1)/4=n$.

A－2 对于怎样的有序实数对 b,c,二次方程

$$z^2+bz+c=0$$

的根在复平面上都落在单位圆 $\{|z|<1\}$ 的内部?

在实 bc 平面上画出一个适当精确的区域图形(即"图像"),使得以上条件成立.明确地指出这个区域的边界曲线.

解 所要求的区域是以 $(0,-1)$,$(2,1)$,$(-2,1)$ 为顶点的一个三角形的内部,其边界线段落在以下直线上

$$L_1:c=1,L_2:c-b+1=0,L_3:c+b+1=0$$

为了看出这点,我们设 $f(z)=z^2+bz+c$ 并用 r 和 s 记它的零点,则 $-b=r+s$ 和 $c=rs$,还有

$$(r+1)(s+1)=rs+r+s+1=c-b+1=f(-1)$$
$$(r-1)(s-1)=rs-r-s+1=c+b+1=f(1)$$

在 L_2 上或在 L_2 的下面,至少有一个零点是不超过 -1 的实数,这是从 $(r+1)(s+1)\leqslant 0$ 或从 $f(-1)\leqslant 0$ 是 x 是实数时 $y=f(x)$ 的图像是一条向上开口的抛物线这个事实而得到的.类似地,在 L_3

上或在 L_3 的下面,有一个零点是至少为1的实数.在 L_1 上或在 L_1 的上面,至少有一个零点其绝对值大于或等于1.因此所要求的点 (b,c) 必须是在所描绘的三角形的内部.

反之,假如 (b,c) 在此三角形的内部,则 $|c|<1$,从而有 $|r|<1$ 或 $|s|<1$,或 $|r|<1$ 同时 $|s|<1$.假如零点是复数,它们共轭且 $|r|=|s|$,则从 $|c|<1$ 得到 $|r|=|s|<1$.假如零点是实数,由 $|c|<1$ 导出至少有一个零点是在 $(-1,1)$ 之中.然后由 $(r+1)(s+1)=f(-1)>0$ 和 $(r-1)(s-1)=f(1)>0$ 导出另一个零点还是在 $(-1,1)$ 之中.

完全确信,所求区域就是已经描绘出的.

A-3 设 a,b,c 是常数且 $0<a<b<c$,在三维空间 $\mathbf{R}^3$ 中,集合

$$\{x^b+y^b+z^b=1,x\geqslant 0,y\geqslant 0,z\geqslant 0\}$$

的怎样的点使得函数 $f(x,y,z)=x^a+y^b+z^c$ 具有最大值和最小值?

解 设 $h(x)=x^a-x^b$ 和 $k(z)=z^c-z^b$,所要求的点还要使得函数

$$g(x,z)=(x^a+y^b+z^c)-(x^b+y^b+z^b)=h(x)+k(z)$$

在用立体定义域在 xOz 平面上的射影所得到的定义域上也要给出最大值和最小值.对于在考虑之下的所有点,x 和 z 皆是在 $[0,1]$ 中.考察它的导数,我们看到 $h(x)$ 是在 $x=0$ 处为0递增到在 $x_0=(a/b)^{1/(b-a)}$ 处为一个最大值,然后递减到在 $x=1$ 处为0(这应用了假设 $0<a<b$).类似地,$k(z)$ 是从 $z=0$ 处为0到在 $z_0=(b/c)^{1/(c-b)}$ 处为一个最小值,然后递增到在 $z=1$ 处为0.因为 $(1,z_0)$ 和 $(x_0,1)$ 不在 $g(x,z)$ 的定义域之中,函数 f 只是在 $(x,y,z)=(x_0,[1-x_0^b]^{1/b},0)$ 处达到最大值并且只是在 $(0,[1-z_0^b]^{1/b},z_0)$ 处达到最小值.

A-4 设 $n=2m$,其中 m 是一个大于1的奇整数.又设 $\theta=e^{2\pi i/n}$.把 $(1-\theta)^{-1}$ 明确地表示为 θ 的具有整系数 a_i 的多项式

$$a_k\theta^k+a_{k-1}\theta^{k-1}+\cdots+a_1\theta+a_0$$

(注意到 θ 是一个 n 次单位元根,于是它满足这些根成立的所有恒等式).

解 设 $n=4k+2$,且 $k>0$,则

$$0=\theta^n-1=\theta^{4k+2}-1=(\theta^{2k+1}-1)(\theta^{2k+1}+1)$$

$$0=(\theta^{2k+1}-1)(\theta+1)(\theta^{2k}-\theta^{2k-1}+\theta^{2k-2}-\cdots-\theta+1)$$

因为 θ 是一个 n 次单位元根且 $n>2k+1$ 和 $n>2$,有

$$(\theta^{2k+1}-1)(\theta+1)\neq 0$$

因此

$$\theta^{2k}-\theta^{2k-1}+\theta^{2k-2}-\cdots+\theta^2-\theta+1=0 \quad ①$$

$$1=\theta-\theta^2+\theta^3-\cdots-\theta^{2k}=(1-\theta)(\theta+\theta^3+\theta^5+\cdots+\theta^{2k-1})$$

$$(1-\theta)^{-1}=\theta+\theta^3+\cdots+\theta^{2k-1}(\text{其中 } 2k-1=\frac{n-4}{2})$$

正如我们从 ① 中看到的那样,另一个解是

$$(1-\theta)^{-1}=1+\theta^2+\theta^4+\cdots+\theta^{2k}$$

A－5 在实直线的某个区间 I 上,设 $y_1(x)$ 和 $y_2(x)$ 是微分方程

$$y''=f(x)y$$

的线性独立的解,其中 $f(x)$ 是一个连续的实函数.假设在 I 上 $y_1(x)>0$ 和 $y_2(x)>0$.证明:在 I 上,存在一个正常数 c,使得函数

$$z(x)=c\sqrt{y_1(x)y_2(x)}$$

满足方程

$$z''+\frac{1}{z^3}=f(x)z$$

并明确地说出 c 对于 $y_1(x)$ 和 $y_2(x)$ 的依赖关系.

证 对于 c 的解答是 $\sqrt{2/W}$,其中 W 是朗斯基(Wronsky)行列式 $y_1y'_2-y_2y'_1$(将在下面看到是常数).

设 $c^2=2k$,则 $z^2/2=ky_1y_2$.求导两次,有

$$zz'=k(y_1y'_2+y_2y'_1)$$

$$zz''+(z')^2=k(y_1y''_2+y_2y''_1+2y'_1y'_2)$$

因为 $y''_1=fy_1$ 和 $y''_2=fy_2$,这就导出

$$zz''+(z')^2=2k(fy_1y_2+y'_1y'_2)=$$
$$f(2ky_1y_2)+2ky'_1y'_2=fz^2+2ky'_1y'_2$$

现在

$$z^3z''+(zz')^2=fz^4+2kz^2y'_1y'_2$$

$$z^3z''+k^2(y_1y'_2+y_2y'_1)^2=fz^4+4k^2(y'_1y'_2)^2$$

$$z^3z''+k^2(y_1y'_2-y_2y'_1)^2=fz^4$$

$$z^3z''-fz^4=-k^2(y_1y'_2-y_2y'_1)=-k^2w^2=-\frac{c^4w^2}{4} \quad ①$$

因为

$$w'=(y_1y'_2-y_2y'_1)'=y_1y''_2-y_2y''_1=$$
$$y_1(fy_2)-y_2(fy_1)=0$$

w 是一个常数. 对于 c 解 $c^4w^2/4=1$ 得到 $c=\sqrt{2/w}$；对于这个 c，① 推导出 $z''-fz=-z^{-3}$ 或 $z''+z^{-3}=fz$.

A－6　设 P_1,P_2,P_3 是三维空间中一个锐角三角形的顶点. 证明：通常在以下要求下可能找到两个添加进去的点 P_4 和 P_5，使得这些点中没有三点是共线的，且使得通过五点中的任意两点的直线垂直于另外三个点所决定的平面. 在写出你的解答时，要清楚地指明所找出的 P_4 和 P_5 的位置.

证　设 λ 是通过所要求的点 P_4 和 P_5 的直线. 设 π 是 P_1P_2 和 P_3 所决定的平面，并设 H 是 λ 与 π 的交点.

设 $\boldsymbol{v}_u$ 是向量 $\overrightarrow{HP_u}$，$|\boldsymbol{v}_u|$ 是它的模. 我们希望去得到点积

$$d=\overrightarrow{P_hP_k}\cdot\overrightarrow{P_iP_j}=(\boldsymbol{v}_k-\boldsymbol{v}_h)\cdot(\boldsymbol{v}_j-\boldsymbol{v}_i)=$$
$$\boldsymbol{v}_k\cdot\boldsymbol{v}_j-\boldsymbol{v}_k\cdot\boldsymbol{v}_i-\boldsymbol{v}_h\cdot\boldsymbol{v}_j+\boldsymbol{v}_h\cdot\boldsymbol{v}_i \quad ①$$

对于指标 h,k,i,j 在 $\{1,2,3,4,5\}$ 中作不同的选择时都为 0.

由于 λ 垂直于 π，我们必须有

$$\boldsymbol{v}_h\cdot\boldsymbol{v}_i=0,h\in\{4,5\},i\in\{1,2,3\} \quad ②$$

假如 $h,k\in\{4,5\},i,j\in\{1,2,3\}$，② 导出 ① 的点积是 0. 假如 $h\in\{4,5\},k,i,j\in\{1,2,3\}$，② 导出 ① 的 d 变为

$$d=\boldsymbol{v}_k\cdot\boldsymbol{v}_j-\boldsymbol{v}_k\cdot\boldsymbol{v}_i=\boldsymbol{v}_k\cdot(\boldsymbol{v}_j-\boldsymbol{v}_i)=\overrightarrow{HP_k}\cdot\overrightarrow{P_iP_j} \quad ③$$

显然，当且仅当 H 是 $\triangle P_1P_2P_3$ 的垂心（即高的交点）时，③ 中的 d 同时是 0. 选取这样的 H，③ 中的 d 为 0 导出

$$\boldsymbol{v}_2\cdot\boldsymbol{v}_3=\boldsymbol{v}_1\cdot\boldsymbol{v}_3=\boldsymbol{v}_1\cdot\boldsymbol{v}_2 \quad ④$$

现在设 $h,i\in\{4,5\},k,j\in\{1,2,3\}$，则 ② 导出

$$d=\boldsymbol{v}_k\cdot\boldsymbol{v}_i+\boldsymbol{v}_4\cdot\boldsymbol{v}_5 \quad ⑤$$

假设 ④，如果 $\boldsymbol{v}_4\cdot\boldsymbol{v}_5=-\boldsymbol{v}_1\cdot\boldsymbol{v}_2$ 就看出 ⑤ 的所有的 d 将是 0. 假设 $\triangle P_1P_2P_3$ 是锐角三角形告诉我们 H 是在三角形的内部，则 $\angle P_1HP_2,\angle P_2HP_3,\angle P_3HP_1$ 中至少有一个（实际上是所有的）必须是钝角，这样 ④ 的点积必须等于负的，因此 $\boldsymbol{v}_4\cdot\boldsymbol{v}_5$ 必须是正的；这意味着 P_4 和 P_5 必须是在 λ 的由 H 所决定的相同的半直线上.

现在 P_4 和 P_5 的定位法给出来了，设 H 是 $\triangle P_1P_2P_3$ 的垂心，μ 是过点 H 且垂直于平面 $P_1P_2P_3$ 的两条半直线之一，则 P_4 能够是在 μ 上的任一点而使得 $|\boldsymbol{v}_4|$ 既不是 0 也不是 $(-\boldsymbol{v}_1\cdot\boldsymbol{v}_2)^{1/2}$，且 P_5 必须是 μ 上的满足 $|\boldsymbol{v}_5|=-\boldsymbol{v}_1\cdot\boldsymbol{v}_2/|\boldsymbol{v}_4|$ 的唯一点. 则 ① 中的每一个 d 是 0，而且 P_j 没有三点是共线的.

B－1　在整数的有序对(m,n)的可加群中(加法由分量定义为$(m,n)+(m',n')=(m+m',n+n')$)，考虑用以下三个元素

$$(3,8),(4,-1),(5,4)$$

所生成的子群H，则H有另外的形如

$$(1,b),(0,a)$$

的生成元集合，a,b为整数且$a>0$，找出a.

(称元素$g_1,\cdots,g_k$生成一个子群H，假如(1)每个$g_i\in H$，和(2)任一个$h\in H$能够写成和$h=n_1g_1+\cdots+n_kg_k$，其中n_i是整数(这里，作为例子，$3g_1-2g_2$的意义为$g_1+g_1+g_1-g_2-g_2$))

解　此解答是$a=7$，另一个必须为$b\equiv 5\pmod 7$.

子群H必须含有$4(3,8)-3(4,-1)=(0,35)$，$4(5,4)-5(4,-1)=(0,21)$，因此含有$2(0,21)-(0,35)=(0,7)$，$(0,7)$和$(1,b)$生成H当且仅当$(1,b)$是在H中且存在整数u,v和w使得

$$(3,8)=3(1,b)+u(0,7)$$
$$(4,-1)=4(1,b)+v(0,7)$$
$$(5,4)=5(1,b)+w(0,7)$$

这些成立当且仅当$8=3b+7u$，$-1=4b+7v$和$4=5b+7w$. 取$b=5+7k$，k为任意整数，所期望的系数u,v和w具有形式$u=-1-3k$，$v=-3-4k$，$w=-3-5k$. 现在只要设$k=0$，并且注意到$(1,5)=(4,-1)-(3,8)+2(0,7)$是在$H$中就够了.

B－2　在三维欧氏空间中，定义一个平板是落在两个平行平面之间的点的开集. 两个平行平面之间的距离称为平板的厚度. 给出一个厚度分别为$d_1,d_2,\cdots$的平板的无限序列S_1，$S_2,\cdots$，使得$\sum_{i=1}^{\infty}d_i$收敛. 证明：在空间中存在一个点不被包含在任一平板之中.

证　设$\sum d_i=d$且S是半径为$r>d/2$的球. 含于平板S_i中的S的表面积最大是$2\pi d_i r$. 由此可见S含于所有平板S_i之中的表面积最大是$2\pi dr<4\pi r^2$(S的面积). 因此存在S的一些点不在任何平板之中.

B－3　设 $S_k(a_1,a_2,\cdots,a_n)$ 表示 $a_1,a_2,\cdots,a_n$ 的第 k 个初等对称函数．当 k 保持固定，对于任意的 $n\geqslant k$ 和任意的 n 重的正实数 $a_1,a_2,\cdots,a_n$，找出 $\frac{S_k(a_1,a_2,\cdots,a_n)}{(S_1(a_1,a_2,\cdots,a_n))^k}$ 的上确界（或最小上界）M_k．

（对称函数 $S_k(a_1,a_2,\cdots,a_n)$ 是变量 $a_1,a_2,\cdots,a_n$ 的 k 重积的和．于是，例如

$$S_1(a_1,a_2,\cdots,a_n)=a_1+a_2+\cdots+a_n$$

$$S_3(a_1,a_2,a_3,a_4)=a_1a_2a_3+a_1a_2a_4+a_1a_3a_4+a_2a_3a_4$$

注意到上确界 M_k 是决不会达到的，对于固定的 k，当变量的个数 n 无限增加且值 $a_i>0$ 选取适当时，可任意充分地趋近于 M_k）

解　在 $S_1^k=(a_1+a_2+\cdots+a_n)^k$ 的展开式中，S_k 的每一项以 $k!$ 作为系数出现而另外的系数非负，因此 $S_k/S_1^k\leqslant 1/k!$．

假如我们设每个 $a_i=1$，有

$$\frac{S_k}{S_1^k}=\frac{\binom{n}{k}}{n^k}=\frac{n(n-1)\cdots(n-k+1)}{k!\ n^k}=$$

$$\frac{1}{k!}\left(1-\frac{1}{n}\right)\left(1-\frac{2}{n}\right)\cdots\left(1-\frac{k-1}{n}\right)$$

当 k 保持固定且 n 趋向无穷时，它趋向 $1/k!$．这些事实证明了此上确界 M_k 是 $1/k!$．

B－4　是否存在单位圆周 $x^2+y^2=1$ 的一个子集 B 使得：

(1) B 是拓扑闭的；

(2) B 恰好包含圆上的每对对径点中的一个点？

（集合 B 称为拓扑闭的，如果它包含 B 中每个收敛点列的极限）

解　不存在．因为由 $(x,y)\rightarrow(-x,-y)$ 的映射是单位圆到自身的一个同胚，如此的一个子集 B 的补 $-B$ 也将是闭的．于是这样的一个 B 的存在性将使圆 C 成为不相交的非空闭子集之并 $-B\cup B$；这与 C 是连通的事实相矛盾．

B－5　设 $f_0(x)=\mathrm{e}^x$，又对于 $n=0,1,2,\cdots$，有 $f_{n+1}(x)=xf'_n(x)$. 证明

$$\sum_{n=0}^{\infty}\frac{f_n(1)}{n!}=\mathrm{e}^{\mathrm{e}}$$

证　因为 $f_0(x)=\sum\limits_{k=0}^{\infty}x^k/k!$，我们应用数学归纳法容易证明 $f_n(x)=\sum\limits_{k=0}^{\infty}(k^n x^k/k!)$，则由于所有项是正的，就得结论.

B－6　证明：假设

$$S_n=1+\frac{1}{2}+\frac{1}{3}+\cdots+\frac{1}{n}$$

则：

(1) 对于 $n>1$，$n(n+1)^{1/n}<n+S_n$；

(2) 对于 $n>2$，$(n-1)n^{-1/(n-1)}<n-S_n$.

证　两部分应用平均值的不等式都是容易证明的. 对于(1)，我们有

$$\frac{n+S_n}{n}=\frac{(1+1)+(1+\frac{1}{2})+\cdots+(1+\frac{1}{n})}{n}>$$

$$\sqrt[n]{(1+1)(1+\frac{1}{2})\cdots(1+\frac{1}{n})}=$$

$$\sqrt[n]{2\cdot\frac{3}{2}\cdot\frac{4}{3}\cdot\cdots\cdot\frac{n+1}{n}}=(n+1)^{\frac{1}{n}}$$

所以
$$n+S_n>n(n+1)^{\frac{1}{n}}$$

对于(2)，我们有

$$\frac{n-S_n}{n-1}=\frac{(1-\frac{1}{2})+(1-\frac{1}{3})+\cdots+(1-\frac{1}{n})}{n-1}>$$

$$\sqrt[n-1]{(1-\frac{1}{2})(1-\frac{1}{3})\cdots(1-\frac{1}{n})}=$$

$$\sqrt[n-1]{\frac{1}{2}\cdot\frac{2}{3}\cdot\cdots\cdot\frac{n-1}{n}}=n^{-\frac{1}{n-1}}$$

所以
$$n-S_n>(n-1)n^{-\frac{1}{n-1}}$$

第37届美国大学生数学竞赛

A－1 P 是以射线 OA 和 OB 为边的角的一个内点. 在 OA 上找 X 且在 OB 上找 Y 使得直线段 $\overline{XY}$ 包含 P 且使得距离之积 $|PX|\cdot|PY|$ 为最小.

解 设 μ 是 $\angle AOB$ 的角平分线，λ 是过 P 垂直于 μ 的直线，则 λ 与 OA 和 OB 的交点可分别选作 X 和 Y.

这一作法使得 $OX=OY$ 且存在一个圆 Γ 切 OA 于 X，切 OB 于 Y. 设 $\overline{X_1Y_1}$ 是包含点 P 和在 OA 上的点 X_1，OB 上的点 Y_1 的任一其他线段. 设 X_2 和 Y_2 是 $\overline{X_1Y_1}$ 与 Γ 的交点. 欧氏几何的一个定理说 $|PX|\cdot|PY|=|PX_2|\cdot|PY_2|$，显然 $|PX_2|\cdot|PY_2|$ 小于 $|PX_1|\cdot|PY_1|$，因此 $|PX|\cdot|PY|$ 是最小值.

我们还能够用另外的方法，比如说选 $(\pi-\angle AOB)/2$ 作为 $\angle OXP$ 或 $\angle OYP$ 的度量来确定 X 和 Y.

A－2 设 $P(x,y)=x^2y+xy^2$，$Q(x,y)=x^2+xy+y^2$. 对于 $n=1,2,3,\cdots$，令 $F_n(x,y)=(x+y)^n-x^n-y^n$，$G_n(x,y)=(x+y)^n+x^n+y^n$. 我们看到 $G_2=2Q$，$F_3=3P$，$G_4=2Q^2$，$F_5=5PQ$，$G_6=2Q^3+3P^2$. 证明：事实上，对于每个 n，F_n 或者 G_n 是可以表达为具有整系数的 P 和 Q 的一个多项式.

证 我们容易验证

$$(x+y)^n=(x+y)^{n-2}Q+(x+y)^{n-3}P$$

$$x^n+y^n=(x^{n-2}+y^{n-2})Q-(x^{n-3}+y^{n-3})P$$

对应的两端相减或相加得到

$$F_n=QF_{n-2}+PG_{n-3},G_n=QG_{n-2}+PF_{n-3} \qquad ①$$

对 G_2,F_3,G_4,F_5,G_6 和 ① 应用所给出的结果用强数学归纳法现在就得到所要求的结论.

A－3　找出方程 $|p^r-q^s|=1$ 的所有整数解,其中 p 和 q 是素数,r 和 s 是大于1的正整数,证明:没有其他的解.

证　我们证明只有一个由 $3^2-2^3=1$ 所给出的解,即 $(p,r,q,s)=(3,2,2,3)$ 或 $(2,3,3,2)$.

明显地或 p 或 q 是2.假如 $q=2$,则 p 是一个适合 $p^r\pm1=2^s$ 的奇素数.假如 r 是奇数,则 $(p^r\pm1)/(p\pm1)$ 是奇整数 $p^{r-1}\mp p^{r-2}+p^{r-3}\mp p^{r-4}+\cdots+1$,因为 $r>1$,故它大于1,这就与 2^s 没有这样的因子这个事实相矛盾.

现在我们尝试 r 是一个偶数 $2t$,则 $p^r+1=2^s$ 导出

$$2^s=(p^t)^2+1=(2n+1)^2+1=4n^2+4n+2$$

这是不可能的,因为对于 $S>1$,有 $4\mid 2^s$,而 $4\nmid(4n^2+4n+2)$.

还有 $r=2t$ 和 $p^r-1=2^s$ 导出

$$(p^t)^2-1=(2n+1)^2-1=4n^2+4n=4n(n+1)=2^s$$

因为或者 n 或者 $n+1$ 是奇数,所以仅对于 $n=1,S=3,p=3$ 与 $r=2$ 这才是可能的.

A－4　设 r 是 $P(x)=x^3+ax^2+bx-1=0$ 的一个根,$r+1$ 是 $y^3+cy^2+dy+1=0$ 的一个根,其中 a,b,c 和 d 是整数.还令 $P(x)$ 在有理数上是不可约的.试把 $P(x)=0$ 的另外一根 s 表达为不明显包含 a,b,c 和 d 的 r 的一个函数.

解　我们证明一个解是 $S=-1/(r+1)$,而另一个解是 $S=-(r+1)/r=-1-(1/r)$. 因为 $p(x)$ 是不可约的,所以 $M(x)=p(x-1)$ 也是不可约的.因此 $M(x)$ 仅是在有理数上首项系数为1的三次多项式且以 $r+1$ 作为一个零点,即

$$M(x)=x^3+cx^2+dx+1$$

假如 p 的零点是 r,s 和 t,M 的零点就是 $r+1,s+1$ 和 $t+1$.现在在 p 和 M 中 x^0 的系数分别是 -1 和 1,这就告诉我们 $rst=1$ 和 $(r+1)(s+1)(t+1)=-1$,则

$$st=\frac{1}{r}$$

$$s+t=(s+1)(t+1)-st-1=$$
$$-\frac{1}{r+1}-\frac{1}{r}-1=-\frac{r^2+3r+1}{r(r+1)}$$

因此 S 是

$$x^2+\frac{r^2+3r+1}{r(r+1)}x+\frac{1}{r}=0$$

的两个根中的一个.

应用二次公式,我们求得 $s=\frac{-1}{r+1}$ 或 $-\frac{r+1}{r}$.

A－5 在 xOy 平面上,设 R 是一个凸多边形的内点与边上的点组成的集,令 $D(x,y)$ 是从 (x,y) 到 R 的最近点的距离.

(1) 证明:存在与 R 无关的常数 a,b 和 c,使得

$$\int_{-\infty}^{\infty}\int_{-\infty}^{\infty}\mathrm{e}^{-D(x,y)}\,\mathrm{d}x\mathrm{d}y=a+bL+cA$$

其中,L 是 R 的周长,A 是 R 的面积.

(2) 求出 a,b 和 c 的值.

证 以下证明 $a=2\pi,b=1$ 和 $c=1$. 我们用 $I[S]$ 记 $\mathrm{e}^{-D(x,y)}$ 在一个区域 S 上的积分. 因为在 R 上 $D(x,y)=0$,所以 $I[R]=A$. 现在令 σ 是 R 的一条边,s 是 σ 的长,$S(\sigma)$ 是由这样的点组成的半带形,这些点到 R 的最近的点位于 σ 上. 化为 (u,v) 坐标,u 按平行于 σ 的方向度量,v 按垂直于 σ 的方向度量. 我们得到

$$I[S(\sigma)]=\int_0^S\int_0^{\infty}\mathrm{e}^{-v}\mathrm{d}v\mathrm{d}u=s$$

对于 R 的所有边这些积分的和 $\sum_1$ 是 L.

假如 v 是 R 的一个顶点,以 v 作为 R 的最近点的所有点落在一个角的内部 $T(v)$,这个角的两条边是从 v 出发且分别地垂直于在 v 相交的凸多边形两条边的射线;令 $\alpha=\alpha(v)$ 是这个角的度量. 应用极坐标,我们有

$$I[T(v)]=\int_0^{\alpha}\int_0^{\infty}r\mathrm{e}^{-r}\mathrm{d}r\mathrm{d}\theta=\alpha$$

对于 R 的所有顶点 v,$I[T(v)]$ 的和 $\sum_2$ 是 2π. 现在知道原来的二重积分等于 $\sum_2+\sum_1+A=2\pi+L+A$,因此 $a=2\pi,b=1=c$.

A－6 假设 $f(x)$ 是定义为所有实数 x 上的一个二次连续可微的实值函数,且对于所有 x 满足 $|f(x)|\leqslant 1$ 及 $(f(0))^2+(f'(0))^2=4$. 证明:存在一个实数 x_0 使得 $f(x_0)+f''(x_0)=0$.

证 设 $G(x)=(f(x))^2+(f'(x))^2$,$H(x)=f(x)+f''(x)$. 因为 H 是连续的,只要去证明 H 改变符号就够了. 我们假设或者

对于所有 x 有 $H(x)>0$,或者对于所有的 x 有 $H(x)<0$,得到一个矛盾.

因为 $|f(0)|\leqslant 1$ 和 $G(0)=4$,或 $f'(0)\geqslant\sqrt{3}$ 或 $f'(0)\leqslant-\sqrt{3}$. 我们讨论对于所有 x 有 $H(x)>0$ 且 $f'(0)\geqslant\sqrt{3}$ 的情况,另外的情况是类似的.

假设使 $f'(x)<1$ 的正数 x 的集合 S 是非空的,并设 g 是 S 的最大的下界,则由 $f'(x)$ 的连续性和 $f'(0)\geqslant\sqrt{3}$,导出 $g>0$. 现在对于 $0\leqslant x\leqslant g$,由 $f'(x)\geqslant 0$ 及 $H(x)\geqslant 0$,导出

$$G(g)=4+\frac{1}{2}\int_0^g f'(x)(f(x)+f''(x))\mathrm{d}x\geqslant 4$$

由于 $|f(g)|\leqslant 1$,这就推出 $f'(g)\geqslant\sqrt{3}$,则 $f'(x)$ 的连续性告诉我们存在一个 $a>0$ 使得对于 $0\leqslant x<g+a$,$f'(x)\geqslant 1$. 这就与 g 的定义相矛盾,因此 S 是空集. 现在对于所有 x 有 $f'(x)\geqslant 1$,这就推得 $f(x)$ 是无界的,与 $|f(x)|\leqslant 1$ 相矛盾. 这个矛盾意味着 $H(x)$ 必须改变符号且对于某个实数 x_0 有 $H(x_0)=0$.

作为另一个证明,我们应用中值定理推演出存在 a 和 b,$-2<a<0<b<2$ 且

$$|f'(a)|=\frac{|f(0)-f(-2)|}{2}\leqslant\frac{|f(0)|+|f(-2)|}{2}\leqslant\frac{1+1}{2}=1$$

类似地,有 $|f'(b)|\leqslant 1$,则

$$G(a)=(f(a))^2+(f'(a))^2\leqslant 1+1=2,G(b)\leqslant 2$$

因为 $G(0)=4$,$G(x)$ 在 $a\leqslant x\leqslant b$ 上的一个内点 x_0 处达到它的极大值,因此 $G'(x_0)=f'(x_0)H(x_0)=0$. 但是 $f'(x_0)\neq 0$,否则 $(f(x_0))^2=G(x_0)\geqslant 4$,$|f(x_0)|>1$. 于是 $H(x_0)=0$.

B－1　求

$$\lim_{n\to\infty}\frac{1}{n}\sum_{k=1}^{n}\left(\left[\frac{2n}{k}\right]-2\left[\frac{n}{k}\right]\right)$$

的值,且用形式 $\ln a-b$ 来表达你的解答,其中 a 和 b 是正整数.

此处 $[x]$ 定义为满足 $[x]\leqslant x\leqslant[x]+1$ 的整数,而 $\ln x$ 是以 e 为底 x 的对数.

解　以下证明 $a=4$ 和 $b=1$. 令 $f(x)=[2/x]-2[1/x]$,则我们要求的极限 L 等于 $\int_0^1 f(x)\mathrm{d}x$. 对于 $n=1,2,\cdots$,在 $2/(2n+1)<x\leqslant 1/n$ 上 $f(x)=0$,在 $1/(n+1)<x\leqslant 2/(2n+1)$ 上 $f(x)=1$,

因此

$$L=\left(\frac{2}{3}-\frac{2}{4}\right)+\left(\frac{2}{5}-\frac{2}{6}\right)+\cdots=-1+2\left(1-\frac{1}{2}+\frac{1}{3}-\cdots\right)=$$
$$-1+2\int_0^1\frac{\mathrm{d}x}{1+x}=-1+2\ln 2=\ln 4-1$$

B－2 假设G是元素A和B所生成的一个群，即G的每个元素能够写为有限的"字"$A^{n_1}B^{n_2}A^{n_3}\cdots B^{n_k}$，其中$n_1,\cdots,n_k$是任意整数，且如通常一样$A^0=B^0=1$. 还有，假设$A^4=B^7=ABA^{-1}B=1,A^2\neq 1$和$B\neq 1$.

(1) 在G中形如C^2的元素有多少个？C在G中.

(2) 写出用A和B作为字的每个二次幂.

解 此解答是(1)8；(2)$1,A^2,B,B^2,B^3,B^4,B^5,B^6$. 因为$B=(B^4)^2,B^3=(B^5)^2,B^5=(B^6)^2$,就回答了(2)，元素是在$G$中的所有二次幂. 因为$B$有7阶，$A$有4阶，它们是不同的. 为了证明没有另外的二次幂，我们首先注意到$ABA^{-1}B=1$，推得$AB=B^{-1}A$，则

$$AB^2=(B^{-1}A)B=B^{-1}(AB)=$$
$$B^{-1}(B^{-1}A)=B^{-2}A$$

类似地，对于在$\{0,1,\cdots,6\}$中的另外的n和直至对于所有的整数n，有$AB^n=B^{-n}A$. 与此一样，我们得到

$$(B^iA^j)(B^hA^k)=B^uA^v \quad ①$$

其中 $u=i+(-1)^jh,v=j+k$

于是形如B^iA^j的元素的集合S在乘法下是封闭的. 由于i和j能够限定为$0\leqslant i\leqslant 6$和$0\leqslant j\leqslant 3$，S是有限的，因此S是一个群，于是$S=G$. 则从①可见，在G中的二次幂B^uA^v，其中$u=i[1+(-1)^j]$，$v=2j$，如果j是奇数，则$u=0,v\equiv 2(\mathrm{mod}\ 4)$. 如果$j$是偶数，则$v\equiv 0(\mathrm{mod}\ 4)$. 于是除了以上所列的，再没有另外的二次幂.

B－3 假设我们有n个事件$A_1,\cdots,A_n$，它们中任何一个出现的概率至少为$1-a$，其中$a<\frac{1}{4}$. 进一步假设如果$|i-j|>1$，则A_i和A_j是相互独立的，然而A_i和A_{i+1}可以是相关的. 按通常假设，以递推关系$u_{k+1}=u_k-au_{k-1},u_0=1,u_1=1-a$，对于$k=0,1,\cdots$，定义正实数$u_k$. 证明：$A_1,\cdots,A_n$同时出现的概率至少是$u_n$.

证 已经证明：结论对于$n\geqslant 5$时是不成立的，除非对于$3\leqslant$

$i\leqslant n$ 将假设强化为 A_i 与 $A_1,A_2,\cdots,A_{i-2}$ 的合并无关.

以下的当 $n=5$ 时的反例是由 Brooklyn 学院的 D. M. Bloom 教授所提供的. 设 $h=33/37$, $k=1/(64+h)$, 又设 $p(A_i)$ 是下表的第二行中的那些顶头上出现 A_i 的数目的和

$A_1A_2A_4A_5$	A_4	$A_1A_3A_4A_5$
$12k$	$3k$	$6k$

$A_1A_2A_3A_4A_5$	$A_1A_2A_3A_4$	$A_2A_3A_4A_5$
$7k$	$12k$	$6k$

$A_1A_3A_5$	$A_1A_2A_3A_5$	$A_2A_3A_5$	$A_3A_4A_5$
$3k$	$9k$	$3k$	$3k$

则每个 $p(A_i)$ 是 $49k$, 且对于满足 $|i-j|>1$ 的所有的 i,j, $p(A_i\wedge A_j)=37k$. 因为 $(49k)^2=37k$, 所以原来的独立的假定成立. 还有, $p(A_i)=1-a$, 其中 $a=(15+h)k<1/4$. 然而, 对于任何的 $a\leqslant 1/4$, 我们有 $u_5\geqslant 7/64$ 和 $p(A_1\wedge A_2\wedge A_3\wedge A_4\wedge A_5)=7k<7/64$.

B－4　对于在椭圆上的一点 P, 设 d 是从椭圆中心到椭圆在点 P 处切线的距离. 证明: 当 P 在椭圆上变动时, $|PF_1|\cdot|PF_2|\cdot d^2$ 是一个常数, 其中 PF_1,PF_2 是 P 到椭圆两焦点 F_1,F_2 的距离.

证　我们令 $p=(x,y)$, 椭圆的方程为

$$b^2x^2+a^2y^2=a^2b^2$$

且 $a>b>0$, 则 $F_1(-c,0)$ 和 $F_2(c,0)$, 有 $c^2=a^2-b^2$. 设 $r_1=|PF_1|$, $r_2=|PF_2|$, 则 $r_1+r_2=2a$ 且

$$r_1r_2=\left(\frac{1}{2}\right)((r_1+r_2)^2-r_1^2-r_2^2)=$$

$$\left(\frac{1}{2}\right)(4a^2-(x+c)^2-y^2-(x-c)^2-y^2)=$$

$$2a^2-x^2-y^2-c^2=a^2+b^2-x^2-y^2$$

在椭圆于点 P 处的切线上一点 (u,v) 满足

$$\frac{xu}{a^2}+\frac{yv}{b^2}=1$$

把此写为形式

$$u\cos\theta+v\sin\theta=d$$

$$d^2=\frac{1}{\left(\frac{x}{a^2}\right)^2+\left(\frac{y}{b^2}\right)^2}=\frac{a^4b^4}{b^4x^2+a^4y^2}$$

但是

$$b^4x^2+a^4y^2=b^2(a^2b^2-a^2y^2)+a^2(a^2b^2-b^2x^2)=$$

$$a^2b^2(a^2+b^2-x^2-y^2)=a^2b^2r_1r_2$$

因此 $d^2r_1r_2=a^4b^4r_1r_2/a^2b^2r_1r_2=a^2b^2$ 为一个常数.

B－5 求值

$$\sum_{k=0}^{n}(-1)^k\binom{n}{k}(x-k)^n$$

解 所求和是 $n!$,因为它是首项系数为1的 n 次多项式 x^n 的 n 阶差分.

B－6 通常,令 $\sigma(N)$ 为 N 的所有(正整数)因子的和(1和 N 本身是包含在这些因子中的). 例如,如果 p 是一个素数,则 $\sigma(p)=p+1$. 由"完全"数的概念诱导出的,一个正整数 N 称为是"拟完全的",如果 $\sigma(N)=2N+1$. 证明:任意一个拟完全数是一个奇数的平方.

证 令 $N=2^{\alpha}p_1^{\beta_1}p_2^{\beta_2}\cdots p_k^{\beta_k}$,其中,$\alpha$ 和 β 是非负整数,p_i 是不同的奇素数,则

$$\sigma(N)=\sigma(2^{\alpha})\cdot\sigma(p_1^{\beta_1})\cdot\cdots\cdot\sigma(p_k^{\beta_k})$$

因为 $\sigma(N)=2N+1$ 是奇数,可见 $\sigma(p_i^{\beta_i})$ 是奇数,$1\leqslant i\leqslant k$,但是

$$\sigma(p_i^{\beta_i})=1+p_i+p_i^2+\cdots+p_i^{\beta_i}$$

是奇数的充要条件是 β_i 为偶数. 因为假如 β_i 是奇数,右边部分将是偶数个奇数之和,因此是偶数. 可见 N 的奇数部分必须是一个二次幂,这样一来,我们能够写为

$$N=2^{\alpha}M^2,\alpha\geqslant 0 \qquad ①$$

这里 M 是奇数. 以下只需证明 $\alpha=0$.

因为 N 是拟完全的,$\sigma(N)=2^{\alpha+1}M^2+1$,而由 ① 我们推得

$$\sigma(N)=\sigma(2^{\alpha})\sigma(M^2)=(2^{\alpha+1}-1)\sigma(M^2)$$

因此

$$2^{d+1}M^2+1=(2^{d+1}-1)\sigma(M^2)$$

于是

$$M^2+1\equiv 0(\bmod(2^{\alpha+1}-1)) \qquad ②$$

如果 $\alpha>0$,则 $2^{\alpha+1}-1\equiv 3(\bmod 4)$,从而 $2^{\alpha+1}-1$ 有一个素数因子 $p\equiv 3(\bmod 4)$. 方程 ② 推得

$$M^2+1\equiv 0(\bmod p) \qquad ③$$

但是当 $p\equiv 3(\bmod 4)$ 时,-1 是模 p 的一个二次非剩余,③ 是不可能的,于是 $\alpha=0$.

第38届美国大学生数学竞赛

A－1　考虑所有与 $y=2x^4+7x^3+3x-5$ 的图形交于四个不同点的直线，设交点为 (x_i,y_i)，$i=1,2,3,4$. 证明

$$\frac{x_1+x_2+x_3+x_4}{4}$$

与直线无关且求出它的值.

证　令直线方程为 $y=mx+b$，与图形交于四个点，于是 x_i 是

$$2x^4+7x^3+(3-m)x-(5+b)=0$$

的根，它们的和是 $-7/2$，它们的算术平均 $(\sum x_i)/4$ 是 $-7/8$，与直线无关.

A－2　求出

$$\begin{cases} x+y+z=w \\ \dfrac{1}{x}+\dfrac{1}{y}+\dfrac{1}{z}=\dfrac{1}{w} \end{cases}$$

的所有实数解 x,y,z,w.

解　我们证明 w 必须等于 x,y,z 之一，剩下的另两个未知数必须相差一个负号. 令 $s=x+y$ 和 $p=xy$，则由所给出的方程推得 $w-z=s$ 和

$$\frac{s}{p}=\frac{x+y}{xy}=\frac{1}{y}+\frac{1}{x}=\frac{1}{w}-\frac{1}{z}=\frac{z-w}{zw}=-\frac{s}{zw}$$

由 $s/p=s/(-zw)$ 导出 $s=0$ 或 $-zw=p$. 假如 $s=0$，则 $y=-x$，$w=z$. 假如 $-zw=p=xy$，则 $-z$ 和 w 是以 x 和 y 为根的二次方程 $T^2-sT+p=0$ 的根，于是这种情况导致 $w=x$ 和 $-z=y$ 或 $w=y$ 和 $-z=x$.

A－3 设 u,f 和 g 是定义在所有实数 x 上的函数，并且满足

$$\frac{u(x+1)+u(x-1)}{2}=f(x)$$

和

$$\frac{u(x+4)+u(x-4)}{2}=g(x)$$

试用 f 和 g 来决定 $u(x)$.

解 我们证明 $u(x)$ 借助于 f 和 g 有无限多的表达式：较为简单的一种是

$$\begin{aligned}u(x)=&g(x)-f(x+3)+f(x+1)+f(x-1)-f(x-3)=\\&-g(x+2)+f(x+5)-f(x+3)+\\&f(x+1)+f(x-1)=\\&g(x+4)-f(x+7)+f(x+5)-f(x+3)+f(x+1)\end{aligned}$$

设 E 是由 $EA(x)=A(x+1)$ 所定义的在函数 A 上的移位算子，则 $(E+E^{-1})u(x)=2f(x)$ 和 $(E^4+E^{-4})u(x)=2g(x)$ 是已给出的. 于是 $(E^2+1)u(x)=2Ef(x)$ 和 $(E^8+1)u(x)=2E^4g(x)$. 由此事实诱导出 E^2+1 和 E^8+1 是在 E 上互质的多项式，我们得到

$$1=\frac{1}{2}(E^8+1)-\frac{1}{2}(E^6-E^4+E^2-1)(E^2+1)$$

$$u(x)=\frac{1}{2}(E^8+1)u(x)-\frac{1}{2}(E^6-E^4+E^2-1)(E^2+1)u(x)$$

$$u(x)=E^4g(x)-(E^6-E^4+E^2-1)Ef(x)$$

$$u(x)=E^4g(x)+(-E^7+E^5-E^3+E)f(x)$$

$$u(x)=g(x+4)-f(x+7)+f(x+5)-f(x+3)+f(x+1)$$

另外的表达式是应用下式得到的

$$\begin{aligned}g(y)=&-g(y-2)+f(y+3)+f(y-5)=\\&-g(y+2)+f(y+5)+f(y-3)\end{aligned}$$

A－4 对于 $0<x<1$，把

$$\sum_{n=0}^{\infty}\frac{x^{2^n}}{1-x^{2^{n+1}}}$$

表示为 x 的一个有理函数.

解 因为 $|x|<1$，故当 $N\to\infty$ 时

$$\sum_{n=0}^{N}\frac{x^{2^n}}{1-x^{2^{n+1}}}=\sum_{n=0}^{N}\left(\frac{1}{1-x^{2^n}}-\frac{1}{1-x^{2^{n+1}}}\right)=$$

$$\frac{1}{1-x}-\frac{1}{1-x^{2^{N+1}}}\to$$

$$\frac{1}{1-x}-1=\frac{x}{1-x}$$

A－5　对于整数 p,a 和 b，证明

$$\binom{pa}{pb}\equiv\binom{a}{b}(\bmod p)$$

p 为一素数，$p>0$，并且 $a\geqslant b\geqslant 0$.

注：$\binom{m}{n}$ 表示二项系数 $\frac{m!}{n!\ (m-n)!}$.

证　众所周知，对于 $i=1,2,\cdots,p-1$，有 $\binom{p}{i}\equiv 0(\bmod p)$，或等价地在 $z_p[x]$ 中有 $(1+x)^p=1+x^p$，其中 z_p 是整数模 p 的域. 于是在 $z_p[x]$ 中

$$\sum_{k=0}^{pa}\binom{pa}{k}x^k=(1+x)^{pa}=[(1+x)^p]^a=$$

$$[1+x^p]^a=\sum_{j=0}^{a}\binom{a}{j}x^{jp}$$

因此在 $z_p[x]$ 中等式

$$\sum_{k=0}^{pa}\binom{pa}{k}x^k=\sum_{j=0}^{a}\binom{a}{j}x^{jp}$$

的相同幂的系数必须是模 p 同余的. 我们看到，对于 $b=0,1,\cdots,a$，有

$$\binom{pa}{pb}\equiv\binom{a}{b}(\bmod p)$$

A－6　设 $f(x,y)$ 是在正方形

$$S=\{(x,y)\mid 0\leqslant x\leqslant 1,0\leqslant y\leqslant 1\}$$

上的一个连续函数. 对于在 S 内部的任何点 (a,b)，设 $S(a,b)$ 是中心在 (a,b)，边平行于 S 的边且含于 S 内的最大正方形. 假如在每个正方形 $S(a,b)$ 上二重积分 $\iint f(x,y)\mathrm{d}x\mathrm{d}y$ 是 0，问 $f(x,y)$ 必须在 S 上恒为 0 吗？

解　对于在 S 中的 (a,b)，令 $I(a,b)$ 是在矩形 $0\leqslant x\leqslant a,0\leqslant y\leqslant b$ 上的 $\iint f(x,y)\mathrm{d}x\mathrm{d}y$. 再应用 $a_1=a,b_1=b$，当 $0\leqslant b_n\leqslant a_n$ 时设 $a_{n+1}=a_n-b_n$ 和 $b_{n+1}=b_n$，当 $0\leqslant a_n<b_n$ 时设 $a_{n+1}=a_n$ 和 $b_{n+1}=b_n-a_n$. 由 (a,b) 归纳地定义一个序列 (a_n,b_n)，则由假定推得对于所有 n 有 $I(a,b)=I(a_n,b_n)$. 因为 f 在 S 上是有界的，$\lim\limits_{n\to\infty}a_n=0=$

$\lim\limits_{n\to\infty} b_n$,可见对于在 S 中的所有(a,b) 有$I(a,b)=0$.

假如不是对于所有 S 中的(x,y) 有 $f(x,y)$ 恒为 0,则 f 必在某个矩形$R=\{(x,y)\mid c\leqslant x\leqslant d,h\leqslant y\leqslant k\}$ 内为正(或负),因此 $I=\iint_R f(x,y)\mathrm{d}x\mathrm{d}y$ 必须是正的(或负的),但是这矛盾于

$$I=I(h,k)-I(h,d)-I(c,k)+I(c,d)=0$$

于是 f 在 S 上恒为 0.

B－1　求无限积

$$\prod_{n=2}^{\infty}\frac{n^3-1}{n^3+1}$$

解

$$\prod_{n=2}^{\infty}\frac{n^3-1}{n^3+1}=\lim_{k\to\infty}\left(\frac{2^3-1}{2^3+1}\times\frac{3^3-1}{3^3+1}\times\cdots\times\frac{k^3-1}{k^3+1}\right)=$$

$$\lim_{k\to\infty}\left(\frac{1\times 7}{3\times 3}\times\frac{2\times 13}{4\times 7}\times\frac{3\times 21}{5\times 13}\times\cdots\times\frac{(k-1)(k^2+k+1)}{(k+1)(k^2-k+1)}\right)=$$

$$\lim_{k\to\infty}\left(\frac{2}{3}\times\frac{k^2+k+1}{k(k+1)}\right)=\frac{2}{3}$$

B－2　给出一个凸四边形 $ABCD$ 和不在 $ABCD$ 平面上的一个点 O,在直线 OA 上找出点 A',在直线 OB 上找出点 B',在直线 OC 上找出点 C',在直线 OD 上找出点 D',使得 $A'B'C'D'$ 是一个平行四边形.

解　设 O' 是在平面 AOC 和 BOD 的交线上的与 O 不同的任何一点,例如 O' 可以是直线 AC 和 BD 的交点.设 A' 是直线 OA 与通过 O' 且平行于 OC 的直线的交点.设 C' 是直线 OC 与通过 O' 且平行于 OA 的直线的交点.则 $OA'O'C'$ 是一个平行四边形且它的对角线 OO' 和 $A'C'$ 在一点 M 处相互平分.在同样方式下选取 B' 和 D',得到一个平行四边形 $OB'O'D'$,其对角线 OO' 和 $B'D'$ 也在线段 OO' 的中点 M 处相互平分.因此线段 $A'C'$ 和 $B'D'$ 相互(在 M 处)平分而 $A'B'C'D'$ 是一个平行四边形(此平行四边形不是唯一的).

B－3　一个(有序的)满足 $x_1+x_2+x_3=1$ 的正无理数的三元组 (x_1,x_2,x_3) 称为“平衡的”,如果每个 $x_i<\frac{1}{2}$. 假如一个三元组不是平衡的,譬如说,假如 $x_i>1/2$,我们执行以下的“平衡行为”

$$B(x_1,x_2,x_3)=(x'_1,x'_2,x'_3)$$

其中 $x'_i=2x_i$,假如 $i\neq j$,$x_j=2x_j-1$. 如果新的三元组不是平衡的,我们在它之上再执行平衡行为. 这个过程继续下去,在执行有限次平衡行为之后常能导致一个平衡三元组吗?

解　设 $x_i=\sum_{j=1}^{\infty}a_{ij}2^{-j}$(其中 $a_{ij}\in\{0,1\}$)是 x_i 的一个二进制展开式. 假如 $a_{11}=a_{21}=a_{31}=0$,此三元组是平衡的. 否则,正好对于一个 i 有 $a_{i1}=1$ 而平衡行为过程 $x'_i=\sum_{j=1}^{\infty}a_{i,j+1}2^{-j}$. 一个不平衡的三元组在以下的任意有限次的平衡行为之后仍然是不平衡的:以选取 a_{ij} 使得恰好 a_{1j},a_{2j},a_{3j} 之一对于每个 j 等于 1,而留心序列 $a_{i1},a_{i2},\cdots$ 中没有一个在一批中重复的,即每个 x_i 是无理数. 这样的解有

$$a_{1j}=1,\text{当且仅当 } j\in\{1,9,25,49,\cdots\}$$
$$a_{2j}=1,\text{当且仅当 } j\in\{4,16,36,64,\cdots\}$$
$$a_{3j}=1,\text{当且仅当 } j\in\{2,3,5,6,\cdots\}$$

B－4　设 C 是在平面上的一条连续的闭曲线且自身不相交,设 Q 是在 C 内的一个点. 证明:在 C 上存在点 P_1 和 P_2 使得 Q 是直线段 P_1P_2 的中点.

证　我们可以假设 $Q=O$ 为原点. 设 $-C$ 是在反射 $P\to -P$ 下 C 的象. $-C$ 仍是一条包围 O 的连续闭曲线,且因为它们有相同的直径和都包围 O,故 $C\cap -C\neq\varnothing$(因此两者之一都不能够在另一个的外部). 令 $P_1\in C\cap -C$,则存在 $P_2\in C$,使得 $P_1=-P_2$. 这就是两个所要求的点.

B－5 假设 $a_1, a_2, \cdots, a_n (n > 1)$ 是实数，且

$$A + \sum_{i=1}^{n} a_i^2 < \frac{1}{n-1} (\sum_{i=1}^{n} a_i)^2$$

证明：$A < 2a_i a_j$ 对于 $1 \leqslant i < j \leqslant n$.

证 从柯西－施瓦兹(Cauchy-Schwartz)不等式中，我们有

$$((a_1 + a_2) + a_3 + a_4 + \cdots + a_n)^2 \leqslant$$
$$(1^2 + 1^2 + \cdots + 1^2)((a_1 + a_2)^2 + a_3^2 + \cdots + a_n^2)$$

或

$$(\sum_{i=1}^{n} a_i)^2 \leqslant (n-1)((\sum_{i=1}^{n} a_i^2) + 2a_1 a_2)$$

或

$$\frac{1}{n-1} (\sum_{i=1}^{n} a_i)^2 \leqslant (\sum_{i=1}^{n} a_i^2) + 2a_1 a_2$$

应用题设，则我们有

$$A < -(\sum_{i=1}^{n} a_i^2) + \frac{1}{n-1} (\sum_{i=1}^{n} a_i)^2 \leqslant$$
$$-(\sum_{i=1}^{n} a_i^2) + (\sum_{i=1}^{n} a_i^2) + 2a_1 a_2 = 2a_1 a_2$$

类似地，对于 $1 \leqslant i \leqslant j \leqslant n$，有 $A < 2a_i a_j$.

B－6 设 H 是群 G 中的一个具有 h 个元素的子群. 假设 G 有一个元素 a 使得对 H 中所有的 x 总有 $(xa)^3 = 1$ 为恒等元. 设 p 是全体积 $x_1 a x_2 a \cdot \cdots \cdot x_n a$ 所组成的子集，其中 n 为一个正整数，x_i 在 H 中.

(1) 证明：p 是一个有限集.

(2) 证明：实际上 p 中元素不会超过 $3h^2$ 个.

证 显然 $1 \in H$，还有 $x \in H$ 可导出 $x^{-1} \in H$，则由题设推知 $a^{-1} = a^2$ 和当 $x \in H$ 时 $xaxaxa = 1 = x^{-1}ax^{-1}ax^{-1}a$. 于是我们容易证明

$$axa = x^{-1}a^2x^{-1} \quad ①$$
$$a^2xa^2 = x^{-1}ax^{-1} \quad ②$$

设

$$A = \{xay \mid x, y \in H\}, B = \{xa^2y \mid x, y \in H\}$$
$$C = \{xa^2ya \mid x, y \in H\}, Q = A \cup B \cup C$$

A, B, C 中每个至多有 h^2 个元素，因此 Q 至多有 $3h^3$ 个元素. 现在只要证明当每个 $x_i \in H$ 时，$x_1 a x_2 a \cdot \cdots \cdot x_n a \in Q$ 就行了，我

们关于 n 用归纳法证之.

对于 $n=1$,我们看到 $x_1a=x_1a\cdot 1\in A\subseteq Q$. 现在设 x_1, $x_2,\cdots,x_{k+1}\in H$, $x_1ax_2a\cdot\cdots\cdot x_ka=q$, $x_{k+1}=z$ 及 $qza=p$. 归纳地,我们假设 $q\in Q$,并且想去证明 $p\in Q$. 由假定推得 q 是在 A, B 或 C 之中. 假设 $q=xay\in A$,则应用①,有

$$p=(xay)za=xa(yz)a=$$
$$x(yz)^{-1}a^2(yz)^{-1}\in B\subseteq Q$$

假设 $q=xa^2y\in B$,则 $p=xa^2yza\in C\subseteq Q$,假设 $q=xa^2ya\in C$,则应用①和②,有

$$p=xa^2y(aza)=xa^2y(z^{-1}a^2z^{-1})=$$
$$x(a^2(yz^{-1})a^2)z^{-1}=$$
$$x(yz^{-1})^{-1}a(yz^{-1})^{-1}z^{-1}\in A\subseteq Q$$

第39届美国大学生数学竞赛

A－1 设A是从等差级数$1,4,7,\cdots,100$中选出的20个不同整数的任意的集合.证明:在A中必有两个不同的整数其和是104.

证 A中20个整数中任何一个必在以下18个不相交集合的一个之中

$$\{1\},\{52\},\{4,100\},\{7,97\},\{10,94\},\cdots,\{49,55\}$$

因此数对$\{4,100\},\cdots,\{49,55\}$中的某一些(至少两个),必须有两个整数在$A$中.但是每个这种对的两数和是104.

A－2 设$a,b,p_1,p_2,\cdots,p_n$是实数,$a\neq b$.定义$f(x)=(p_1-x)(p_2-x)(p_3-x)\cdots(p_n-x)$.证明

$$\det\begin{pmatrix} p_1 & a & a & a & \cdots & a & a \\ b & p_2 & a & a & \cdots & a & a \\ b & b & p_3 & a & \cdots & a & a \\ b & b & b & p_4 & \cdots & a & a \\ \vdots & \vdots & \vdots & \vdots & & \vdots & \vdots \\ b & b & b & b & \cdots & p_{n-1} & a \\ b & b & b & b & \cdots & b & p_n \end{pmatrix}=\frac{bf(a)-af(b)}{b-a}$$

证 设$\boldsymbol{M}_t$是从已知的矩阵的每个表值中减去t所得到的矩阵,又设$G(t)$是$\boldsymbol{M}_t$的行列式.任何一行的表值减去相邻另一行的相应的表值,我们看到$G(t)$关于t是线性的.应用$G(a)$,$G(b)$是三角形矩阵的行列式这一事实,我们注意到$G(a)=f(a)$,$G(b)=f(b)$,则线性插值法证明了所要期望的行列式$G(0)$是

$$\frac{bG(a)-aG(b)}{b-a}=\frac{bf(a)-af(b)}{b-a}$$

A－3　设 $p(x)=2+4x+3x^2+5x^3+3x^4+4x^5+2x^6$ 对于 $k,0<k<5$，定义

$$I_k=\int_0^\infty \frac{x^k}{p(x)}\mathrm{d}x$$

对于怎样的 k,I_k 为最小？

解　对于 $-1<k<5$，因为积分收敛，我们能够考虑 I_k 是定义在这个开区间上．令 $x=1/t$，我们求出

$$I_k=\int_0^\infty \frac{t^{-k}}{t^{-b}p(t)}\left(\frac{-\mathrm{d}t}{t^2}\right)=\int_0^\infty \frac{t^{4-k}\mathrm{d}t}{p(t)}=I_{4-k}$$

由算术平均－几何平均不等式，有

$$\frac{x^k+x^{4-k}}{2}\geqslant\sqrt{x^k\cdot x^{4-k}}=x^2$$

则

$$I_k=\frac{I_k+I_{4-k}}{2}=\int_0^\infty \frac{\dfrac{x^k+x^{4-k}}{2}\mathrm{d}x}{p(x)}\geqslant$$

$$\int_0^\infty \frac{x^2\mathrm{d}x}{p(x)}=I_2$$

于是 I_k 当 $k=2$ 时是最小的．

A－4　集合 S 上的一个"旁路"运算是具有以下性质的从 $S\times S$ 到 S 中的一个映射

$$B(B(w,x),B(y,z))=B(w,z),\forall w,x,y,z\in S$$

(1) 证明：当 B 是一个旁路时，由 $B(a,b)=c$ 导出 $B(c,c)=c$．

(2) 当 B 是一个旁路时，对于在 S 中的任何 x，证明由 $B(a,b)=c$ 导出 $B(a,x)=B(c,x)$．

(3) 对于有限集 S 上具有以下三个性质的一个旁路运算 B 构造一个表：

① 对于所有 S 中的 x，$B(x,x)=x$；

② 在 S 中存在 d 和 e，使得 $B(d,e)=d\neq e$；

③ 在 S 中存在 f 和 g，使得 $B(f,g)\neq f$．

证　(1) 当 $[w,x,y,z]=[a,b,a,b]$ 时，定义的性质和题设 $B(a,b)=c$ 给出

$$B(c,c)=B(B(a,b),B(a,b))=B(a,b)=c$$

(2) 当 $[w,x,y,z]=[a,b,x,x]$ 时，定义的性质和 $B(a,b)=c$ 给出

$$B(c,B(x,x))=B(B(a,b),B(x,x))=B(a,x)$$

应用(1) 中的结果和$[w,x,y,z]=[c,c,x,x]$,我们有

$$B(c,B(x,x))=B(B(c,c),B(x,x))=B(c,x)$$

联合两式,就证明了对于 S 中的任何 x 由 $B(a,b)=c$ 导出

$$B(a,x)=B(c,x)$$

(3)一个容易的方式去得到一个旁路具有性质①是去设 S 是一个笛卡儿(Descartes) 乘积 $I\times J$ 和用

$$B((i,j),(h,k))=(i,k)$$

去定义运算 B.

如果 I 和 J 分别有多于一个元素,性质 ② 和 ③ 将成立.除了记号以外,每个旁路是这样得到的.

$S=\{a,b,c,d\}$ 和 $S=\{u,v,w,x,y,z\}$ 时的表如下:

	a 或 c	b 或 d
a 或 b	a	b
c 或 d	c	d

	u 或 x	v 或 y	w 或 z
u 或 v 或 w	u	v	w
x 或 y 或 z	x	y	z

A－5 对于 $i=1,2,\cdots,n$,设 $0<x_i<\pi$,并且取

$$x=\frac{x_1+x_2+\cdots+x_n}{n}$$

证明

$$\prod_{i=1}^{n}\frac{\sin x_i}{x_i}\leqslant\left(\frac{\sin x}{x}\right)^n$$

证 令

$$g(x)=\ln\frac{\sin x}{x}=\ln(\sin x)-\ln x$$

则因为对于 $x>0$ 有 $x>\sin x$,故对 $0<x<\pi$,有

$$g''(x)=-\csc^2 x+\frac{1}{x^2}=\frac{1}{x^2}-\frac{1}{\sin^2 x}<0$$

于是 $g(x)$ 的图像是向下凸的,因此

$$\frac{1}{n}\sum_{i=1}^{n}g(x_i)\leqslant g\left(\frac{\sum_{i=1}^{n}x_i}{n}\right)=g(x)$$

或$\sum_{i=1}^{n} g(x_i) \leqslant ng(x)$. 因为 e^x 是一个递增函数,这就导出

$$\prod_{i=1}^{n} \frac{\sin x_i}{x_i} = e^{\sum_{i=1}^{n} g(x_i)} \leqslant e^{ng(x)} = \left(\frac{\sin x}{x}\right)^n$$

A－6　设在平面上给出 n 个不同的点. 证明:它们中相距是单位距离的所有点对的数目少于 $2n^{3/2}$.

证　对于平面上的一个点集$\{p_1,\cdots,p_n\}$,设 e_i 是从 p_i 到 p_j 为一个单位的 p_j 的数目,则 $E=(e_1+\cdots+e_n)/2$,是具有单位距离的点对的数目. 令 c_i 是中心在 p_i 且半径为 1 的圆,每对圆至多有两个交点,这样 c_i 至多在 $2\binom{n}{2}=n(n-1)$(个)点处相交. 只要去处理每个 $e_i \geqslant 1$ 的情况就足够了.

点 p_i 作为 c_j 的一个交点所出现的次数为$\binom{e_i}{2}$,因此

$$n(n-1) \geqslant \sum_{i=1}^{n} \binom{e_i}{2} = \sum_{i=1}^{n} \frac{e_i(e_i-1)}{2} \geqslant \frac{1}{2}\sum_{i=1}^{n}(e_i-1)^2 \quad ①$$

在 ① 中和以后的所有的和都是在 $i=1,2,\cdots,n$ 之上取的. 应用柯西－施瓦兹不等式和 ① 我们有

$$\left(\sum_{i=1}^{n}(e_i-1)\right)^2 \leqslant \left(\sum_{i=1}^{n}1\right)\left(\sum_{i=1}^{n}(e_i-1)^2\right) \leqslant n \cdot 2n(n-1) < 2n^3$$

因此

$$\sum_{i=1}^{n}(e_i-1) \leqslant \sqrt{2}\, n^{\frac{3}{2}}$$

从而

$$E = \frac{\sum_{i=1}^{n} e_i}{2} \leqslant \frac{n+\sqrt{2}\, n^{\frac{3}{2}}}{2} < 2n^{\frac{3}{2}}$$

B－1　求内接于一个圆且有相邻的四条边长为 3 和另外四条边长为 2 的一个凸八边形的面积. 给出形如 $r+s\sqrt{t}$ 的解,其中 r,s 和 t 为正整数.

解法 1　此面积是与内接于一个圆内部的边长间隔地为 3 和 2 的一个八边形面积是相同的. 对于这样的一个八边形,所有角以 $3\pi/4$ 来度量,我们能够在每条边长为 2 的边上用适当地补上一个边长为$\sqrt{2}$,$\sqrt{2}$,2 的等腰直角三角形,把此八边形扩大为一个边长

为 $3+2\sqrt{2}$ 的正方形,因此所要求的面积是

$$(3+2\sqrt{2})^2-(4\sqrt{2}\times\frac{\sqrt{2}}{2})=13+12\sqrt{2}$$

解法 2 设 r 是圆半径,又设 α 和 β 分别是边长为 3 和 2 的弦所对中心角的一半,则 $8\alpha+8\beta=2\pi$,因而 $\beta=(\pi/4)-\alpha$,还有

$$\frac{3}{2r}=\sin\alpha$$

$$\frac{1}{r}=\sin\beta=\sin(\frac{\pi}{4}-\alpha)=\frac{\cos\alpha-\sin\alpha}{\sqrt{2}}$$

$$\frac{2}{3}=\frac{2r}{3}\cdot\frac{1}{r}=\frac{\cos\alpha-\sin\alpha}{\sqrt{2}\sin\alpha}=\frac{\cot\alpha-1}{\sqrt{2}}$$

现有 $\cot\alpha=(3+2\sqrt{2})/3=((3+2\sqrt{2})/2)/(3/2)$,因此由圆心到边长为 3 的一条弦的距离是 $h_3=(3+2\sqrt{2})/2$. 类似地,到边长为 2 的一条弦的距离是 $h_2=(2+3\sqrt{2})/2$.

B-2 把

$$\sum_{n=1}^{\infty}\sum_{m=1}^{\infty}\frac{1}{m^2n+mn^2+2mn}$$

表示为一个有理数.

解 设 S 是所要求的和,则

$$S=\sum_{n=1}^{\infty}\frac{1}{n}\sum_{m=1}^{\infty}\frac{1}{n+2}\left(\frac{1}{m}-\frac{1}{m+n+2}\right)=$$

$$\sum_{n=1}^{\infty}\frac{1}{n(n+2)}\left(\left(1-\frac{1}{n+3}\right)+\left(\frac{1}{2}-\frac{1}{n+4}\right)+\right.$$

$$\left.\left(\frac{1}{3}-\frac{1}{n+5}\right)+\cdots\right)=\frac{1}{2}\sum_{n=1}^{\infty}\left(\frac{1}{n}-\frac{1}{n+2}\right)\cdot$$

$$\left(\left(1-\frac{1}{n+3}\right)+\left(\frac{1}{2}-\frac{1}{n+4}\right)+\cdots\right)$$

因此

$$2S=\sum_{n=1}^{\infty}\left(\frac{1}{n}-\frac{1}{n+2}\right)\cdot$$

$$\lim_{k\to\infty}\left(1+\frac{1}{2}+\cdots+\frac{1}{n+2}-\frac{1}{k}-\frac{1}{k+1}-\cdots-\frac{1}{k+n+1}\right)=$$

$$\sum_{n=1}^{\infty}\left(\frac{1}{n}-\frac{1}{n+2}\right)\left(1+\frac{1}{2}+\cdots+\frac{1}{n+2}\right)=$$

$$\lim_{n\to\infty}\left(\left(1-\frac{1}{3}\right)\left(1+\frac{1}{2}+\frac{1}{3}\right)+\right.$$

$$\left(\frac{1}{2}-\frac{1}{4}\right)\left(1+\frac{1}{2}+\frac{1}{3}+\frac{1}{4}\right)+\cdots+$$

$$\left(\frac{1}{n}-\frac{1}{n+2}\right)\left(1+\frac{1}{2}+\cdots+\frac{1}{n}\right)\Bigg)=$$

$$\lim_{n\to\infty}\Bigg(1\cdot\left(1+\frac{1}{2}+\frac{1}{3}\right)+$$

$$\frac{1}{2}\left(1+\frac{1}{2}+\frac{1}{3}+\frac{1}{4}\right)+$$

$$\frac{1}{3}\left(\frac{1}{4}+\frac{1}{5}\right)+\frac{1}{4}\left(\frac{1}{5}+\frac{1}{6}\right)+\cdots+\frac{1}{n}\left(\frac{1}{n+1}+\frac{1}{n+2}\right)-$$

$$\frac{1}{n+1}\left(1+\frac{1}{2}+\cdots+\frac{1}{n-1}\right)-$$

$$\frac{1}{n+2}\left(1+\frac{1}{2}+\cdots+\frac{1}{n}\right)\Bigg)=$$

$$\frac{6+3+2}{6}+\frac{12+6+4+3}{2\times 12}+$$

$$\left(\frac{1}{3\times 4}+\frac{1}{4\times 5}+\cdots\right)+$$

$$\left(\frac{1}{3\times 5}+\frac{1}{4\times 6}+\cdots\right)=$$

$$\frac{11}{6}+\frac{25}{24}+\frac{1}{3}+\frac{1}{2}\left(\frac{1}{3}+\frac{1}{4}\right)=\frac{7}{2}$$

于是

$$S=\frac{7}{4}$$

B－3 多项式序列 $\{Q_n(x)\}$ 定义如下：$Q_1(x)=1+x$，$Q_2(x)=1+2x$，对于 $m\geqslant 1$，有

$$Q_{2m+1}(x)=Q_{2m}(x)+(m+1)xQ_{2m-1}(x)$$

$$Q_{2m+2}(x)=Q_{2m+1}(x)+(m+1)xQ_{2m}(x)$$

设 x_n 是 $Q_n(x)=0$ 的最大实数解. 证明：$\{x_n\}$ 是一个递增序列且 $\lim\limits_{n\to\infty}x_n=0$.

证 显然，$x_1=-1$，$x_2=-\frac{1}{2}$. 用归纳法容易证明对于 $x\geqslant 0$ 每个 Q_n 是正的. 因此如果 Q_n 有零点，则 $x_n<0$.

归纳地假设 $x_1<x_2<\cdots<x_{2m-1}<x_{2m}$，则对于 $x>x_{2m-1}$，$Q_{2m-1}(x)>0$. 特别地，$Q_{2m-1}(x_{2m})>0$，因此

$$Q_{2m+1}(x_{2m})=Q_{2m}(x_{2m})+(m+1)x_{2m}Q_{2m-1}(x_{2m})=$$
$$(m+1)x_{2m}Q_{2m-1}(x_{2m})<0$$

这推导出对于某个 $x>x_{2m}$ 有 $Q_{2m+1}(x)=0$，即 $x_{2m+1}>x_{2m}$. 类似地，我们证明 $x_{2m+2}>x_{2m+1}$. 设 $a=-1/(m+1)$，应用给出的 $Q_n(x)$ 的递归定义，我们得到

$$Q_{2m+2}(a)=Q_{2m+1}(a)-Q_{2m}(a)=-Q_{2m-1}(a)$$

因此 $Q_{2m+2}(a)$ 和 $Q_{2m-1}(a)$ 中至少有一个是非正的，于是或者 $x_{2m+2}\geqslant a$ 或者 $x_{2m-1}\geqslant a$. 但这每一种都可导出 $x_{2m+2}\geqslant -1/(m+1)$ 和 $x_{2m+3}\geqslant -1/(m+1)$. 由此可见对于所有 n 有 $-2/n\leqslant x_n<0$，随之有

$$\lim_{n\to\infty}x_n=0$$

B－4 证明：对于任意实数 N，方程
$x_1^2+x_2^2+x_3^2+x_4^2=x_1x_2x_3+x_1x_2x_4+x_1x_3x_4+x_2x_3x_4$
有一个 x_1,x_2,x_3,x_4 都是大于 N 的整数的解.

证 显然(1,1,1,1)是一个解. 设想把 x_1,x_2,x_3 固定，方程就是关于 x_4 的二次方程，我们看到一个解的 x_4 能够以 $x'_4=x_1x_2+x_1x_3+x_2x_3-x_4$ 来替代，当 $x'_4\neq x_4$ 时就得到一个新解. 还有，x_i 是能够任意排列的，因为此方程关于 x_i 是对称的. 于是我们能够假设 $x_4\leqslant m=\min\{x_1,x_2,x_3\}$. 还假设每个 $x_i\geqslant 1$，则 $x'_4\geqslant 3m^2-m\geqslant m$. 这就导出我们能够从解(1,1,1,1)开始，重复地应用以上所叙述的过程得到每个 x_i 为大于 N 的一个整数的方程的一个解.

B－5 求出一个最大的 A，对于 A 存在一个实系数多项式
$$P(x)=Ax^4+Bx^3+Cx^2+Dx+E$$
满足 $0\leqslant P(x)\leqslant 1$，这里 $-1\leqslant x\leqslant 1$.

解 假如我们知道切比雪夫(Chebyshev)多项式 $C(x)=8x^4-8x^2+1=\cos(4\arccos x)$ 是对于 $-1\leqslant x\leqslant 1$ 满足 $-1\leqslant f(x)\leqslant 1$ 的所有四次多项式 $f(x)$ 中具有最大的首项系数的，此解是十分容易的了. 令 $P(x)=(C(x)+1)/2$，就有 4 作为最大的 A.

假如没有这个知识，则能够应用各种代换把此问题改变为等价于满足以上区间条件的较简单的函数的最大 A 的一个问题. 取

$$Q(x)=\frac{P(x)+P(-x)}{2}$$

此条件变为

$$0\leqslant Q(x)=Ax^4+Cx^2+E\leqslant 1，在 -1\leqslant x\leqslant 1 上$$

取 $x^2=y$，这就变为 $0\leqslant R(y)=Ay^2+Cy+E\leqslant 1$ 在 $0\leqslant y\leqslant 1$ 上.

取 $y=(z+1)/2$ 和 $S(z)=R((z+1)/2)$，我们有

$$0 \leqslant S(z) = \frac{A}{4}z^2 + Fz + G \leqslant 1, -1 \leqslant z \leqslant 1$$

取 $T(z) = (S(z) + S(-z))/2$，我们得到

$$0 \leqslant \frac{A}{4}z^2 + G \leqslant 1, -1 \leqslant z \leqslant 1$$

最后，取 $z^2 = w$ 就成为

$$0 \leqslant \frac{A}{4}w + G \leqslant 1, 0 \leqslant w \leqslant 1$$

现在很明显，最大的 A 是 4，这个最大值是取 $G=0$ 得到的，即用

$$T(z) = z^2, R(y) = (2y-1)^2$$
$$Q(x) = 4x^4 - 4x^2 + 1$$

得到的.

B－6　p 和 n 是正整数. 设数 $C_{h,k}(h=1,2,\cdots,n;k=1,2,\cdots,ph)$ 满足 $0 \leqslant C_{h,k} \leqslant 1$，证明：

$$\left(\sum \frac{C_{h,k}}{h}\right)^2 \leqslant 2p \sum C_{h,k}$$

其中每个和是在所有可容许的有序对(h,k)上所作的.

证　设 $a_h = (\sum_{k=1}^{ph} C_{h,k})/h$，显然，$0 \leqslant a_h \leqslant P$. 我们现在关于 n 用归纳法证明 $(\sum_{h=1}^{n} a_h)^2 \leqslant 2p\sum_{h=1}^{n}(ha_h)$，这是等价于问题的结论的.

对于 $n=1$，有 $a_1^2 \leqslant pa_1 \leqslant 2pa_1$，此即为所要求的. 假设对于 $n=m$ 不等式已经成立，则

$$\begin{aligned}(\sum_{h=1}^{m+1} a_h)^2 &= (\sum_{h=1}^{m} a_h)^2 + 2a_{m+1}\sum_{h=1}^{m} a_h + a_{m+1}^2 \leqslant \\ &2p\sum_{h=1}^{m}(ha_h) + 2a_{m+1}pm + 2pa_{m+1} \leqslant \\ &2p((m+1)a_{m+1} + \sum_{h=1}^{m}(ha_h)) = \\ &2p\sum_{h=1}^{m+1}(ha_h)\end{aligned}$$

这就是所期望的.

第40届美国大学生数学竞赛

A－1 找出正整数 n 和 $a_1,a_2,\cdots,a_n$，使得

$$a_1+a_2+\cdots+a_n=1\,979$$

且乘积 $a_1\cdot a_2\cdot\cdots\cdot a_n$ 尽可能地大.

解 我们发现 $n=660$，并且所有的 a_i 中除掉一个是2外，其他都是3.理由如下：

没有一个 a_i 能够比4大，因为我们能够通过5被 2×3，6被 3×3，7被 3×4 等代换而使乘积增大.又因为 $2\times4<3\times3$ 与 $2\times2\times2<3\times3$，所以在 a_i 中不能既有2又有4，或者有三个2.还有，因为 $4\times4<2\times3\times3$，所以亦不能有两个4.显然，没有一个 a_i 是1.这样，a_i 除了取3以外只可能是一个4或一个2或两个2，由 $1\,979=3\times659+2$，所以这仅有的一个例外是一个2，且 $n=660$.

A－2 确定常数 k 的充要条件使得存在实值连续函数 $f(x)$，对所有的 x，满足 $f(f(x))=kx^9$.

解 充要条件是 $k\geqslant0$.若 $k\geqslant0$，我们发现 $f(x)=\sqrt[4]{k}x^3$ 满足 $f(f(x))=kx^9$.相反地，我们注意到 $k\neq0$ 及对一切实数 x 有 $f(f(x))=kx^9$ 可推出 f 能取到一切实数值.由 kx^9 确定了 f 是一对一的，事实上从 $f(a)=f(b)$ 可导出 $ka^9=f(f(a))=kb^9$，所以 $a=b$.但是，从实数集 $\mathbf{R}$ 到其自身上的一个连续的一对一函数 f 必定是严格单调的.当 f 为单调时，通常是递增的或者是递减的，$f(f(x))$ 将总是递增的.所以当 $k<0$ 时，不可能等于 kx^9.

A－3 设 $x_1,x_2,x_3,\cdots$ 是满足

$$x_n=\frac{x_{n-2}x_{n-1}}{2x_{n-2}-x_{n-1}},n=3,4,5,\cdots$$

的一个非零实数序列.若对于无限多个 n 值来说，x_n 是一个整数，试确定 x_1 和 x_2 的充要条件.

解法 1　我们将看到条件是 $x_1 = x_2 = m$，m 是某个整数. 设 $r_n = 1/x_n$，那么

$$r_n = \frac{2x_{n-2} - x_{n-1}}{x_{n-2}x_{n-1}} = 2r_{n-1} - r_{n-2}$$

且 r_n 构成了一个算术级数. 当 n 是在一个无限集 S 之中时，如果 x_n 是一个非零整数，对于 S 中的 n，r_n 满足 $-1 \leqslant r_n \leqslant 1$，并且其他的 r_n 除掉有限个以外，由于被套在 S 中 n 的那些 r_n 的中间，因而也落在这个区间之中. 因为当公差 $r_{n+1} - r_n$ 不等于零时，一个算术级数的项是无界的，所以这种情况只能在 r_n 都相等时才能产生. r_n 的相等性导出了 $x_1 = x_2 = m$ 是一个整数. 显然，条件也是充分的.

解法 2　设 r_n 构成了上面定义的算术级数. 如果当 $i \neq j$ 时，x_i 与 x_j 都是整数，那么 r_i，r_j 以及公差 $(r_i - r_j)/(i-j)$ 都是有理数. 由此得出 r_1 与 r_2 是有理数，所以 $r_1 = a/q$ 且 $r_2 = (a+d)/q$，a，b 和 q 都为整数，于是 $x_n = 1/r_n = g/(a+(n-1)d)$. 因为 q 只有有限个整数因子，所以只有在 $d=0$ 的情况下才能对无限多个 n 得到 x_n 是一个整数. 这就给出了与第一个解法同样的条件.

A－4　令 A 是由平面上 $2n$ 个点所组成的一个集合，这 $2n$ 个点中任意三点都不共线. 假定其中的 n 个点着以红色，剩下的 n 个点着以蓝色. 证明或推翻：存在 n 条闭的直线段，其中任意两条都不相交，使得每一条线段的两个端点就是 A 中的两个着以不同颜色的点.

证　把每一个红色点与一个蓝色点以一对一方式而配对的方法为有限种(实际上是 $n!$ 种). 所以可找到一种配对方法，按照这种方法把一对相配的点联结起来而得到的线段长之和为最小. 我们现在证明这种配对方法的 n 条线段中没有两条是相交的.

设红色点 R 与 R' 分别和 B 与 B' 配对，并假设线段 RB 与线段 $R'B'$ 相交. 由三角不等式可推得这些线段长度的和超过了线段 RB' 和 $R'B$ 的长度之和. 于是交 B 与 B' 就会给出一种具有更小的线段长度之和的配对方法. 这个矛盾证明了具有不相交线段的一种配对方法的存在性.

A－5　用 $[x]$ 表示小于或等于 x 的最大整数，并且 $S(x)$ 表示序列 $[x]$，$[2x]$，$[3x]$，$\cdots$. 证明：方程 $x^3 - 10x^2 + 29x - 25 = 0$ 存在不同的实数解 α 和 β，使得有无限多个正整数既出现在 $S(\alpha)$ 之中，又出现在 $S(\beta)$ 之中.

证 设 $f(x)=x^3-10x^2+29x-25$，则下表：

x	1	2	3	5	6
$f(x)$	-5	1	-1	-5	5

说明了 $f(x)$ 有三个实数解 a,b,c，并且 $1<a<2,2<b<3$，$5<c<6$. 集合$\{1,2,\cdots,n\}$与 $S(a),S(b)$ 以及 $S(c)$ 共同具有的整数个数分别是$[n/a]$，$[n/b]$ 和$[n/c]$，由

$$\frac{1}{a}+\frac{1}{b}+\frac{1}{c}>\frac{1}{2}+\frac{1}{3}+\frac{1}{6}=1$$

我们看到

$$\lim_{n\to\infty}\left\{\left[\frac{n}{a}\right]+\left[\frac{n}{b}\right]+\left[\frac{n}{c}\right]-n\right\}=\infty$$

因此在 $S(a),S(b),S(c)$ 三个集合中，至少两个集合要出现无限多个正整数. 这就推得了这三个集合中的某对集合必定具有无限个.

A－6 设 $0\leqslant p_i\leqslant 1(i=1,2,\cdots,n)$，证明

$$\sum_{i=1}^{n}\frac{1}{|x-p_i|}\leqslant 8n(1+\frac{1}{3}+\frac{1}{5}+\cdots+\frac{1}{2n-1})$$

对于某个满足 $0\leqslant x\leqslant 1$ 的 x 成立.

证 对于 $k=0,1,\cdots,2n-1$，设 I_k 是开区间$(k/2n,[k+1]/2n)$. 在这 $2n$ 个区间 I_k 之中，存在 n 个区间不包含任何 p_i. 我们取这 n 个区间的中点为 x_j. 令 $|x_j-p_i|=d_{ij}$，以及

$$B=8n(1+\frac{1}{3}+\frac{1}{5}+\cdots+\frac{1}{2n-1})$$

对于确定的 i 来说，d_{ij} 满足 $d_{ij}\geqslant 1/4n$，最多其中的两个不满足 $d_{ij}\geqslant 3/4n$，最多四个不满足 $d_{ij}\geqslant 5/4n$ 等，因此

$$\sum_{j=1}^{n}\frac{1}{d_{ij}}\leqslant 2\sum_{h=0}^{n-1}\frac{4n}{1+2h}=B$$

（此不等式能够改进一下）. 于是我们有

$$\sum_{j=1}^{n}\left(\sum_{i=1}^{n}\frac{1}{d_{ij}}\right)=\sum_{i=1}^{n}\left(\sum_{j=1}^{n}\frac{1}{d_{ij}}\right)\leqslant nB$$

显然，存在一个 j 的值满足 $\sum\limits_{i=1}^{n}(1/d_{ij})\leqslant B$，而且对于这个 j 来说，x_j 即为所求之 x.

B－1 证明或推翻:至少存在一条直线,它是曲线 $y=\cosh x$ 在点 $(a,\cosh a)$ 的法线,同时亦是曲线 $y=\sinh x$ 在点 $(c,\sinh x)$ 的法线.(一条曲线上某点的法线指的是该点切线的垂直线.还有,$\cosh x=(\mathrm{e}^{x}+\mathrm{e}^{-x})/2$ 和 $\sinh x=(\mathrm{e}^{x}-\mathrm{e}^{-x})/2$)

证 我们假定存在这样一条公法线并得到一个矛盾.由此假设推得

$$-\frac{a-c}{\cosh a-\sinh x}=\cosh c=\sinh a \quad ①$$

因为对于一切实数 x 来说,$\cosh x>0$,同时只有在 $x>0$ 时 $\sinh x>0$,所以由式 ① 可得 $a>0$.利用式 ① 以及对一切 x,$\sinh x<\cosh x$ 这样一个事实,我们得到

$$\sinh c<\cosh c=\sinh a<\cosh a$$

这个式子与 $a>0$ 以及当 $x>0$ 时,$\cosh x$ 递增这个事实可推出 $c<a$.于是式 ① 中最左面的表示式是负的同时不能够等于 $\cosh c$.这个矛盾证明了不存在公法线.

B－2 设 $0<a<b$,计算

$$\lim_{t\to 0}\left(\int_0^1 (bx+a(1-x))^t\mathrm{d}x\right)^{\frac{1}{t}}$$

(最后的解答不可以包含加、减、乘、除、取幂以外的任何运算)

解 设 $u=bx+a(1-x)$,则定积分变成

$$I(t)=\frac{1}{b-a}\int_a^b u^t\mathrm{d}u=\frac{b^{t+1}-a^{t+1}}{(1+t)(b-a)}$$

利用标准的微积分方法计算含有未定元的表达式的极限,得出:

当 $t\to 0$ 时,$(I(t))^{1/t}\to \mathrm{e}^{-1}(b^b/a^a)^{1/(b-a)}$.

B－3 设 F 是一个有限域,具有 m 个元素,m 是一个奇数.又 $p(x)$ 为形如

$$x^2+bx+c,b,c\in F$$

的 F 上的一个不可约(即不可分解)多项式,问 F 中有多少个元素 k 使得 $p(x)+k$ 在 F 上不可约?

解 令 $r=(m-1)/2$,我们证明对于 F 的 r 个元素 k 来说,$q(x)=p(x)+k$ 在 F 上不可约.因为 m 是奇数,所以 F 的特征数

不是2，$1+1=2\neq 0$，$2^{-1}b$是F的一个元素h，F的这$2r+1$个元素能够表示为$0,f_1,-f_1,\cdots,f_r,-f_r$的形式，并且$\{0,f_1^2,f_2^2,\cdots,f_r^2\}$是$F$里$r+1$个不同的平方所组成的集合. 现在

$$q(x)=(x+h)^2-(h^2-c-k)$$

在F上不可约当且仅当它在F里没有零点. 也就是说，当且仅当h^2-c-k不是F里这$r+1$个平方f^2中的一个. 所以从F的$2r+1$个元素中去掉$r+1$个形如h^2-c-f^2的元素后，k必定是留下来的r个元素中的一个.

B－4 (1) 求齐次线性微分方程

$$(3x^2+x-1)y''-(9x^2+9x-2)y'+(18x+3)y=0$$

的一个不恒为零的解.

巧妙地猜测一下解的形式是会有帮助的.

(2) 设$y=f(x)$是非齐次微分方程

$$(3x^2+x-1)y''-(9x^2+9x-2)y'+$$
$$(18x+3)y=6(6x+1)$$

的解，且有$f(0)=1$和$(f(-1)-2)(f(1)-6)=1$，求出整数a,b,c使得$(f(-2)-a)(f(2)-b)=c$.

解 (1) 以e^{mx}试算证明了$y=e^{3x}$满足齐次方程. 以多项式$x^d+\cdots$试算证明了d必定是2. 并且再以x^2+px+q试算证明了$y=x^2+x$是一个解. 解答是任意线性组合$he^{3x}+k(x^2+x)$，常数h和k中至少有一个不为0.

(2) 容易看出，$y=2$满足非齐次方程. 因此$f(x)$具有$2+he^{3x}+k(x^2+x)$的形式. 现在$f(0)=1$，给出$2+h=1$或$h=-1$，则$(f(-1)-2)(f(1)-6)=1$导出

$$-e^{-3}(2+2k-e^3-b)=1,(2k-4)e^{-3}=0,k=2$$

因此

$$f(x)=2-e^{3x}+2(x^2+x)$$
$$f(-2)=6-e^{-6},f(2)=14-e^6$$

所以我们令$a=6$，$b=14$以及$c=1$.

我们注意到如果在(1)得到一个解答$g(x)$以后停止猜测，用标准的代换$y=g(x)z$，随后用$z'=w$能把非齐次方程简化为一个线性方程，此线性方程可以用一个众所周知的方法解出.

B－5 令C是平面中的一个闭的凸集，它包含点$(0,0)$，但是不包含其他具有整数坐标的点. 假设C的面积$A(C)$相等地分布在四个象限之中，证明：$A(C)\leqslant 4$.

证 作一条切触C的辅助直线,使得这条线的一边没有C的点.通过点(0,1)有一条这样的辅助直线,设它的斜率是m.假设$m \geqslant 1/2$,我们得到了C在第四象限里的面积部分不超过1.当$m \leqslant -1/2$时,亦相类似.所以我们假定$-1/2 < m < 1/2$,并且假定对于分别通过点(1,0),(0,-1)和(-1,0)的辅助直线亦有类似的结果.由这四条辅助直线所构成的四边形的角中至少有一个不是锐角;我们在第一象限里的顶点(h,k)处能够取这个角α,于是$\alpha \geqslant \pi/2$,推得$h+k \leqslant 2$,并由此推得C在第一象限里的面积不超过1,所以$A(C) \leqslant 4$.

B-6 设$z_k = x_k + \mathrm{i}y_k (k=1,2,\cdots,n)$,其中$x_k$和$y_k$是实数以及$\mathrm{i}=\sqrt{-1}$,令

$$\pm\sqrt{z_1^2+z_2^2+\cdots+z_n^2}$$

的实部的绝对值是r,证明:$r \leqslant |x_1|+|x_2|+\cdots+|x_n|$.

证 设$\boldsymbol{X}=(x_1,x_2,\cdots,x_n)$与$\boldsymbol{Y}=(y_1,y_2,\cdots,y_n)$,并设$a+b\mathrm{i}$是$z_1^2+z_2^2+\cdots+z_n^2$的任意一个平方根,则

$$ab=\boldsymbol{X}\cdot\boldsymbol{Y}=x_1y_1+x_2y_2+\cdots+x_ny_n$$

并且

$$a^2-b^2=\|\boldsymbol{X}\|^2-\|\boldsymbol{Y}\|^2=$$
$$(x_1^2+x_2^2+\cdots+x_n^2)-(y_1^2+y_2^2+\cdots+y_n^2)$$

柯西-施瓦兹不等式告诉我们

$$|\boldsymbol{X}\cdot\boldsymbol{Y}| \leqslant \|\boldsymbol{X}\|\cdot\|\boldsymbol{Y}\|$$

因此

$$|a|\cdot|b| \leqslant \|\boldsymbol{X}\|\cdot\|\boldsymbol{Y}\|$$

于是假定$|a|>\|\boldsymbol{X}\|$就会导出$|b|<\|\boldsymbol{Y}\|$,此式与$a^2=\|\boldsymbol{X}\|^2-\|\boldsymbol{Y}\|^2+b^2$一起将得到$a^2<\|\boldsymbol{X}\|^2$,所以$|a|<\|\boldsymbol{X}\|$,矛盾.因此这样的假设不成立,而得到$r=|a| \leqslant \|\boldsymbol{X}\|$.由于$\|\boldsymbol{X}\|^2 \leqslant (|x_1|+|x_2|+\cdots+|x_n|)^2$,这就推得了所期望的$r \leqslant |x_1|+|x_2|+\cdots+|x_n|$.

第二编

背景介绍

Mendeleev 问题

1 引 言

于1946年6月1日举行的第6届普特南数学竞赛(美国大学生数学竞赛)有如下试题:

设a,b,c为实常数,函数$f(x)=ax^2+bx+c$当$|x|\leqslant 1$时满足条件$|f(x)|\leqslant 1$.试证:当$|x|\leqslant 1$时

$$|f'(x)|\leqslant 4 \quad ①$$

这是一道背景极为深刻的试题,参赛的大学生们恐怕没人会想到这道试题最早还是元素周期表的发明者前苏联圣彼得堡大学著名化学家 Mendeleev 提出并解决的.

大约一个世纪之前,Mendeleev 研究了溶液的体积质量与溶液的体积分数之间的关系问题.这个问题有一定的实用性,今天人们正是利用其来测量啤酒与葡萄酒中的酒精的体积分数和检查汽车冷却系统的防冻液的体积分数.首先 Mendeleev 对很多溶液作出了图表,它们非常精确以至于与现代得到的图表在三位有效数字内都相吻合.下一步当他准备用简单公式来描述它们时却发生了困难,因为他发现这些曲线没有多大相关之处.于是他想用一系列抛物弧把这些曲线配合起来,但这些弧并不是光滑地连接,Mendeleev 搞不清楚这些棱角究竟是客观存在的还是由测量的误差所产生的,于是他借助于数学推理:若有两个二次多项式$P_1(x)$和$P_2(x)$,$P_1(x)$定义在I_1上,$P_2(x)$定义在I_2上,I_1,I_2为两个相邻的区间,如果已知$P_1(x)$在I_1上的切线的斜率不超过某一个数R,而$P_2(x)$在I_2上的切线的斜率却严格地大于R,这时我们就不能用一个二次多项式在$I_1\cup I_2$上来代替$P_1(x)$和$P_2(x)$.所以 Mendeleev 必须解决下面的问题:

若已知二次多项式$P(x)$在区间$[a,b]$上的最大值,那么在$[a,b]$上$P'(x)$会有多大.

Mendeleev 不仅是一位了不起的化学家,而且他很有数学修养,他马上找到了答案:对二次多项式$P(x)$,若在一长为$2L$的区间上有$\max\limits_{x\in[a,b]}|P(x)|=M$,则$\max\limits_{x\in[a,b]}|P'(x)|\leqslant 4ML$,并且4是最好的常数,不能改进了.我们开始列出的试题只不过是当其$L=1,M=1$时的特例.

2 A. A. Markoff 定理

后来 Mendeleev 把他这个颇为得意的结果告知了前苏联著名数学家 A. A. Markoff.出于数学家的职业习惯,A. A. Markoff 马上将它作了推广,于1887年发表了题为"关于一个 Mendeleev 问题"(Об олном воцросе. Д. И. Менлелеева)的论文.他证明了:

如果$P_n(x)$是n次多项式,而且$M=\max\limits_{x\in[a,b]}|P_n(x)|$,则对于$x\in[a,b]$,$|P'_n(x)|\leqslant \dfrac{2Mn^2}{b-a}$.

这个不等式也不能加强.事实上,对于$P_n(x)=T_n(x)$与$a=-1,b=1$,我们有$T'_n(x)=$

n^2，$M=1$，其中 $T_n(x)$ 为第 n 个 Tschebyscheff 多项式，它的定义为 $T_n(x)=\cos(n\arccos x)$. 显然 $|T_n(x)|\leqslant 1$，$T_n(x)$ 还有表达式为

$$T_n(x)=\frac{n}{2}\sum_{l=0}^{\frac{n}{2}}\frac{(-1)^l(n-l-1)!}{l!\ (n-2l)!}(2x)^{n-2l}, n\geqslant 1$$

前 6 个 $T_n(x)$ 的表达式为

$$T_0(x)=1, T_1(x)=x, T_2(x)=2x^2-1$$
$$T_3(x)=4x^3-3x, T_4(x)=8x^4-8x^2+1$$
$$T_5(x)=16x^5-20x^3+5x$$

由于我们可以将 $P'_n(x)$ 再视为一个多项式，显然它的次数不超过 n. 所以我们可以用 Markoff 不等式估计 $P'_n(x)$，进而可以估计 $P_n(x)$ 的任意阶导数，但这样不能得到最强的结果. 三年后A. A. Markoff 的同父异母弟弟 W. A. Markoff 做了进一步推广得到

$$|P_n^{(k)}(x)|\leqslant\frac{M2^{2k}k!\ n}{(b-a)^k(n+k)}\binom{n+k}{n-k}$$

可惜他这个才华出众的弟弟年仅 26 岁，就死于肺结核.

另外，在一些特殊的限制下还可以得到一些更好的上界. 例如：

I. Schur 定理 若 $P(x)$ 是 n 次多项式，且 $P(a)=P(b)=0$，$\max\limits_{x\in[a,b]}|P(x)|=M$，则

$$|P'(x)|\leqslant\frac{2n\cot\frac{\pi}{2n}}{b-a}M, a\leqslant x\leqslant b$$

P. Erdös 定理 若 $P(x)$ 是 n 次多项式，并且 $P(x)$ 只有实零点，但在 (a,b) 中没有零点，$\max\limits_{x\in[a,b]}|P(x)|=M$，则

$$|P'(x)|<\frac{en}{b-a}M, a\leqslant x\leqslant b$$

这是目前最好的结果. 另外，在复数域上人们也建立了类似的不等式.

1926 年 S. N. Bernstein 证明了：

设 $P(x)$ 是复数域上的多项式，对于 $|z|\leqslant 1$，$|P(z)|<1$，则在 $|z|<1$ 时，有 $|P'(z)|\leqslant n$.

而 P. D. Lax 在上述条件中加上一条“$P(z)$ 在 $|z|=1$ 内部无零点”的限制后，得到更强的结论 $|P'(x)|\leqslant\frac{n}{2}$.

现在让我们回头来看一下开始那道试题的证明：

若 $a\neq 0$，则 $f(x)=ax^2+bx+c$ 的图形为一抛物线. 不失一般性，可设其开口向上，即 $a>0$. 由于对称性，我们可以假定 b 非负，则抛物线的顶点位于左半平面，显然 $\max\limits_{x\leqslant 1}|f'(x)|$ 在 $x=1$ 时出现，而且这个最大值等于 $2a+b$. 下面证明 $2a+b\leqslant 4$.

现在 $f(1)=a+b+c\leqslant 1$，$f(0)=c\geqslant -1$，所以 $a+b\leqslant 2$. 因为 a 和 b 都非负，故有 $a\leqslant 2a+b\leqslant 4$.

若 $a=0$，则

$$f'(x)=b=\frac{f(1)-f(-1)}{2}$$

所以

$$|f'(x)|\leqslant\frac{|f(1)|+|f(-1)|}{2}\leqslant 4$$

从以上的证明中我们可以看到，式 ① 的等号碰巧只能在区间的端点 1 和 −1 达到. 对

Markoff 不等式也是如此. 那么能不能找到一个与 x 有关的函数 $M_n(x)=\max\limits_{x\in[a,b]}|P'_n(x)|$，这个极大值是对于点 x，$|P_n(x)|\leqslant M$ 上所有次数为 n 的且在 $[a,b]$ 上满足 $|P_n(x)|\leqslant M$ 的多项式来取的. 我们对 $M_n(x)$ 了解甚少. 1912 年 Bernstein 得到了一个结果：

令 $P_n(x)$ 为次数最多为 n 的实系数多项式，则导函数 $P'_n(x)$ 满足不等式

$$|P'_n(x)|\leqslant\frac{n}{\sqrt{(x-a)(x-b)}}\max_{x\in[a,b]}|P_n(x)|$$

当 $a=-1,b=1,\max\limits_{x\in[a,b]}|P_n(x)|=1$ 时

$$|P'_n(x)|\leqslant\frac{2}{\sqrt{1-x^2}}$$

即

$$M_n(x)=\frac{2}{\sqrt{1-x^2}}$$

这个函数当 x 接近 0 时比 4 要小，优于试题的结果；当 x 靠近区间端点 ± 1 时又变得很大，大大弱于试题的结果.

1938 年 A. C. Schaeffer 和 R. J. Duffin 将 Bernstein 的结果做了一个推广：

设 $P(x)$ 是次数不超过 n 的多项式，若对于 $-1\leqslant x\leqslant 1$，$|P(x)|\leqslant 1$，则对于 $-1\leqslant x\leqslant 1$ 和 $k=1,2,\cdots,n$ 有

$$|P^{(k)}(x)|^2\leqslant M_k(x)$$

这里

$$M_k(x)=\left(\frac{\mathrm{d}^k}{\mathrm{d}x^k}\cos nt\right)^2+\left(\frac{\mathrm{d}^k}{\mathrm{d}x^k}\sin nt\right)^2$$

其中 $x=\cos t$. 显然 Bernstein 定理是上述结果 $k=1$ 时的特例.

3 E. V. Voronovskaya 定理

关于这个问题较彻底的解决是一位前苏联女数学家 E. V. Voronovskaya 完成的. 大约在 20 世纪 30 年代初，E. V. Voronovskaya 发表了一系列研究 Hausdorff 矩量问题的论文①.

---

① 矩量问题(Hausdorff moment problem).

所谓矩量问题(Moment problem)，其一般提法是：

求赋范空间 X 上的一个连续线性泛函 f，使得由 X 中的线性无关序列 $\{x_n\}$ 及复数序列 $\{\mu_n\}$ 所确定的等式 $f(x_n)=\mu_n,n=1,2,\cdots$ 成立.

这类似于在给定一列自变量及相应函数值的前提下来确定函数的表达式. 不过，如此一般的问题处理起来十分困难.

Hausdorff 矩量问题是在上述一般的矩量问题中取 $X=C[0,1]$(即 $[0,1]$ 区间上的连续函数全体按标准方式形成的赋范空间)，又取 $x_u(t)=t^n\in C[0,1],n=1,2,\cdots$. 根据 Riesz 表示定理，$C[0,1]$ 上的连续线性泛函可以表示成如下的 Lebesgue-Stieltjes 积分的形式

$$f(x)=\int_0^1 x(t)\mathrm{d}H(t)$$

其中 $x(t)\in C[0,1]=x$，$H(t)$ 为由泛函 f 确定的一个有界变差函数. 于是 Hausdorff 矩量问题可表述为：

求一有界变差函数 $H(t)$，使积分等式序列

$$\mu_{n_i}=\int_0^1 t^n\mathrm{d}H(t),n=1,2,\cdots$$

成立.

本文中所述 Voronovskaya 在处理这一问题时将其与多项式的极值问题联系起来. 可参见：

Вороновская E. B(Voronovskaya K. V.)(1932). ДАН СССР. cep. A, No. 4,74-85. (1932)The asymptatic behavior of the appoximation of a function by its Beinstein polynomial ДАН. СССР. (A)79-89.

Voronovskaya 得到如下结果：

假设在[0,1]区间上，已经给出了 $\max|P_n(x)|$，要求 $\max|P_n(x)|$，可将[0,1]拆成一串相邻的三类区间.在第一类区间中，极值多项式为 $\pm T_n(\lambda x)$ 或 $T_n[\lambda(1-x)]$；在另一类区间中，$|P'_n(x)|$ 由 $|T'_n(x)|$ 所极大化；而在剩下的一类区间中，极值多项式为鲜为人知的 Zolotarer 多项式.

数学家的职业习惯是将见到的一切结论尽可能地不断推广使其具有一般性，能够满足这种推广欲望的题目无疑是易于被接受的.所以一道好的竞赛题目不应是广场上的一枚金币，而应是金矿边的一块矿石.拾得金币的喜悦是暂时的，而挖掘金矿的兴奋则是持久的.

4 参考文献

[1] MEINARDUS G. 函数逼近：理论与数值方法[M]. 赵根榕，赵冰，译. 北京：高等教育出版社，1986.

[2] 嘉德克 B K. 多项式一致逼近函数导论[M]. 沈燮昌，译. 北京：北京大学出版社，1982.

[3] LORENTZ G G. 函数逼近论[M]. 谢庭藩，施咸亮，译. 上海：上海科学技术出版社，1981.

[4] 沈燮昌. 多项式最佳逼近的实现[M]. 上海：上海科学技术出版社，1981.

函数唯一性理论

大家都知道拉格朗日多项式可以对n次多项式给定的$n+1$个值,唯一地确定一个多项式.在数学中专门有一个分支叫函数唯一性理论,它是探讨在什么情况下只存在一个函数满足所给的条件.我们都知道,多项式除了一常数因子外,由其零点(亦即取零值的点集)而定,但对超越整函数以及亚纯函数就不然了.如函数e^{x}和e^{-x},它们具有共同取值$\pm 1,0$及∞的点集.因此,如何来唯一地确定一个亚纯函数的探讨也就显得有趣及复杂了.在这方面,芬兰著名数学家Nevanlinna,Rolf Herman(1892—1980)在1925年建立了亚纯函数的一个一般性理论,并在《皮卡一波莱尔定理与亚纯函数理论》(*Le Théorème de* Picard-Borel *et la Théorie des Fonctions Méromorphes*)及《单值解析函数》(*Eindeutige Analytische Funkionen*,1935)两书中发展了这个理论(现称“奈望林纳理论”),给出了第一及第二基本定理,由此推出亚纯函数的值分布若干结果,影响深远.这一理论自然就成为研究唯一性理论的主要研究工具.很早Nevanlinna本人就证明了,任何一非常数亚纯函数可由其5个值的点集而确定.换句话说,如两非常数亚纯函数f与g具有共同的取5个值的点集,则$f\equiv g$.很明显,如有了些附加条件,则两个函数相应地可由具有共同地取4个值、3个值、2个值甚至1个值的点集而定.

这一问题后来又被推广为具有公共值集的亚纯函数的唯一性问题.一般来说,这类问题难度较大.1976年数学家F.Gross曾问:能否找到一个有限集合S,使得对任何两个非常数整函数f与g,当S为f与g的公共值集时,必有$f\equiv g$?

设$f(z)$为非常数亚纯函数,S为复平面中的一个集合.令

$$E_f(S)=\bigcup_{a\in S}\{z\mid f(z)-a=0\}$$

这里m重零点在$E_f(S)$中重复m次,则称E_f为f下的S的原象集合.用$\overline{E}_f$表示$E_f(S)$中不同点的集合,并称$\overline{E}_f(S)$为f下的S的精简原象集合.

1982年,Gross-Yang引入了下述定义:

若点集S使得对任何两个非常数整函数f与g只要满足$E_f(S)=E_g(S)$,则必有$f\equiv g$,称点集S为唯一性象集.

对多项式函数而言,若f与g都是n次的,则若$f\left(\frac{1}{i}\right)=g\left(\frac{1}{i}\right)$,$i=1,2,\cdots,n$,则$f\equiv g$,对于两个非常数整函数$f$与$g$,则只需$i$走遍所有自然数即可.

1981年Diamond,Pomerance和Rubel证明了下述有趣的结果:如果集合$\left\{f\left(\frac{1}{n}\right)\right\}=\left\{g\left(\frac{1}{n}\right)\right\}$(不管次序),则$f\equiv g$.

类似结论在多项式函数中一般是不存在的.

下面我们举一个普特南竞赛试题为例说明多项式函数的特点.

试题　设复系数多项式$P(z)$与$Q(z)$有相同的零点集合,但零点的重数可能不同,且

$P(z)+1$ 与 $Q(z)+1$ 亦具有上述性质.试证:$P(z)\equiv Q(z)$.

(第16届(1956年3月3日)普特南竞赛B－7)

证　命题对于零次多项式不成立,故应假定这两个多项式至少有一个不是常数.设 P 的次数为 m,Q 的次数为 n,由对称性可假定 $m\geqslant n$.令 P 的不同的零点是 $\{\lambda_1,\lambda_2,\cdots,\lambda_r\}$,又令 $P+1$ 的不同的零点是 $\{\mu_1,\mu_2,\cdots,\mu_s\}$.这两个集合显然不相交.求 P 及 $P+1$ 的导数都是 P'.将重数记为 λ,它必定至少有 $m-r$ 个零点在 $\{\lambda_1,\lambda_2,\cdots,\lambda_r\}$ 内,而 $m-s$ 个零点在 $\{\mu_1,\mu_2,\cdots,\mu_s\}$ 内,所以

$$(m+r)+(m-s)\leqslant m-1$$

不等号右边是 P' 的次数(这里假定 $m>0$),于是 $r+s>m$.但 $r+s$ 个数 $\lambda_1,\lambda_2,\cdots,\lambda_r,\mu_1,\mu_2,\cdots,\mu_s$ 中的每一数都是 $P-Q$ 的一个零点,而多项式 $P-Q$ 的次数至多为 m,这就推知 $P(z)\equiv Q(z)$.

这个问题1981年被推荐为IMO的候选试题,足见选题委员会对此题背景的充分认识.其叙述被改为:

设多项式 $P(x)$ 和 $Q(x)$ 的次数都大于0,记

$$P_c=\{z\in\mathbf{C}\mid P(z)=c\},Q_c=\{z\in\mathbf{C}\mid Q(z)=c\}$$

求证:如果 $P_0=Q_0,P_1=Q_1$,则 $P(x)\equiv Q(x),x\in\mathbf{R}$.

不动点问题

在哈瓦那举行的第 28 届 IMO 中的第 1 题是：

试题 1　令 $P_n(k)$ 是集 $\{1,2,\cdots,n\}$ 的保持 k 个不动的排列的数目. 求证

$$\sum_{k=0}^{n} kP_n(k)=n!$$

这是一个关于组合不动点的问题，我们先给出组合不动点的定义以及 3 个简单的性质，再用来解决几个与此有关的数学竞赛题.

定义　设集 $\{\pi(1),\pi(2),\cdots,\pi(n)\}$ 是集 $\{1,2,\cdots,n\}$ 的一个排列，如果 $\pi(i)=i$，则称 i 是变换 π 之下的一个组合不动点. 我们用 $P_n(k)$ 表示其不动点的个数为 k 的排列的个数，$D_n(k)$ 表示其中有 k 个点动的排列个数.

性质 1　$P_n(k)=\binom{n}{k}D_n(n-k)$.

证　恰有 k 个不动点的排列可以由以下两个步骤产生：先从 n 个元素中选出 k 个让它不动，即使 $\pi(i)=i,i=i_1,i_2,\cdots,i_k$；再让其余 $n-k$ 个全动，即使 $\pi(j)\neq j,j=j_1,\cdots,j_{n-k}$，则由乘法原理可知

$$P_n(k)=\binom{n}{k}D_n(n-k)$$

性质 2　$\sum\limits_{k=0}^{n}\binom{n}{k}D_n(n-k)=n!$.

证　因为 n 个元素的全排列可分成恰有零个不动点的排列，恰有一个不动点的排列，……，恰有 n 个不动点的排列，故由加法原理可知

$$P_n(0)+P_n(1)+\cdots+P_n(n)=n!$$

由性质 1 可得

$$\sum_{k=0}^{n}\binom{n}{k}D_n(n-k)=n!$$

性质 3　$P_n(0)=D_n(n)=n!\sum\limits_{k=0}^{n=1}(-1)^k\dfrac{1}{k!}$.

证　我们先来介绍一个组合数学中非常重要的公式：

包含排除原理　设有 N 个事物，其中有些事物具有性质 $P_1,P_2,\cdots,P_s$ 中的某些性质. 令 N_i 表示具有 P_i 性质的事物的个数，N_{ji} 表示兼有 P_j 及 P_i 性质的事物的个数，此处 $i\neq j$ $(1\leqslant i,j\leqslant s)$. 由此定义，$N_{ji}$ 及 N_{ij} 应代表同一数值，并且凡兼具 P_j,P_i 的事物也认为具有性质 P_j 或 P_i. 一般地，设 $N_{i_1,i_2,\cdots,i_k}$ 为具有性质 $P_{i_1},P_{i_2},\cdots,P_{i_k}$ 的事物个数，那么，N 中不具有任何性质的事物个数即等于

$$N_0=N-\sum_{i}N_i+\sum_{i<j}N_{ij}-\sum_{i<j<k}N_{ijk}+\cdots+$$

$$(-1)^k \sum N_{i_1} \cdot N_{i_2} \cdot \cdots \cdot N_{i_k} + \cdots + (-1)^s N_{12\cdots s}$$

(此定理的证明可以在任何一本初等的组合数学书中找到)

注 1968年Bonferroni还曾给出过一个不等式

$$\left| N(k) - \sum_{j=k}^{n} (-1)^{j-k} \binom{j}{k} N_j \right| \leqslant \binom{n+1}{k} N_{n+1}$$

其中，$N(k)$ 为给定集 A 中这样元的个数，它恰具有性质 P 中的 k 个性质；N_j 为 A 中至少满足 P 中 j 个性质的元的个数.(详见Fellew. An Introduction to Probability Theory. Vol 1. 3rd ed. John Wiley, 1968)

我们令 P_i 是 i 为一个不动点这个性质，则易知

$$N_{i_1 \cdot i_2 \cdot \cdots \cdot i_r} = (n-r)!$$

且

$$\sum_{i_1 < i_2 < \cdots < i_r} N_{i_1 \cdot i_2 \cdot \cdots \cdot i_r} = \binom{n}{k} (n-r)! = \frac{n!}{r!}$$

则由包含排除原理得

$$P_n(0) = D_n(n) = n! \sum_{r=0}^{n=1} (-1)^r \frac{1}{r!}$$

下面我们先证明前面提到的IMO试题：

证

$$\sum_{k=0}^{n} kP_n(k) = \sum_{k=0}^{n} k \binom{n}{k} D_n(n-k) = \quad (\text{性质 } 1)$$

$$\sum_{k=0}^{n} k \frac{n!}{k!\ (n-k)!} D_n(n-k) =$$

$$\sum_{k=0}^{n} \frac{n \cdot (n-1)!}{(k-1)!\ ((n-1)-(k-1))!} D_n((n-1)-(k-1)) =$$

$$n \sum_{k=0}^{n} \frac{(n-1)!}{(k-1)!\ ((n-1)-(k-1))!} D_n((n-1)-(k-1)) =$$

$$n \sum_{k=0}^{n-1} \binom{n-1}{k-1} D_{n-1}((n-1)-(k-1)) = n \cdot (n-1)! = n! \ (\text{性质 } 2)$$

试题2 P 为集合 $S_n = \{1,2,\cdots,n\}$ 的一个排列，令 f_n 为 S_n 的无不动点的排列个数，g_n 为恰好有一个不动点的排列的个数.求证

$$|f_n - g_n| = 1$$

(加拿大第14届中学生数学竞赛)

证 由性质3得

$$f_n = n! \sum_{r=0}^{n} (-1)^r \frac{1}{r!}$$

又由性质1得

$$g_n = \binom{n}{1} f_{n-1} = n \cdot (n-1)! \sum_{r=0}^{n-1} (-1)^r \frac{1}{r!} =$$

$$n! \sum_{r=0}^{n-1} (-1)^r \frac{1}{r!}$$

故

$$|f_n-g_n|=\left|n!\ \left(\sum_{r=0}^{n}(-1)^r\frac{1}{r!}-\sum_{r=0}^{n-1}(-1)^r\frac{1}{r!}\right)\right|=$$

$$\left|n!\ (-1)^n\frac{1}{n!}\right|=|(-1)^n|=1$$

试题 3　设 n 阶行列式主对角线上的元素全为零，其余元素全不为零. 求证：它的展开式中不为零的项数等于

$$n!\ \sum_{r=0}^{n}(-1)^r\frac{1}{r!}$$

（第 19 届普特南数学竞赛）

证　由定义知 $n\times n$ 矩阵 $\boldsymbol{M}=(m_{ij})$ 的行列式的展开式为

$$\sum_{n}\varepsilon(\pi)m_{1j_1}\cdot m_{2j_2}\cdot\cdots\cdot m_{nj_n}$$

其中 $\pi\begin{pmatrix}1 & 2 & \cdots & n\\ j_1 & j_2 & \cdots & j_n\end{pmatrix}$ 表示 $\{1,2,\cdots,n\}$ 的所有排列，$\varepsilon(\pi)$ 为 1 或 -1.

由题意知，当且仅当 π 的排列中有不动点时，行列式的展开式中对应项为零. 于是本题化为求 π 的排列中没有不动点的排列的个数问题.

由性质 3 知其个数为

$$n!\ \sum_{r=0}^{n}(-1)^r\frac{1}{r!}$$

（关于组合不动点问题可参见 L. Comtet, C. R. Acad. Sci. Paris, 1972, 275A: 569-572）

在其中我们发现还有所谓强不动点的定义：设 π 为 $[n]=\{1,2,\cdots,n\}$ 的排列，则 π 的强不动点是指 $j<i\Rightarrow\pi(j)<\pi(i)$ 以及 $j>i\Rightarrow\pi(j)>\pi(i)$（因此必定有 $\pi(i)=i$).

我们有以下结论：

定理　设 $g(n)$ 为没有强不动点的 $[n]$ 的排列数，则

$$\sum_{n=0}^{\infty}g(n)x^n=\frac{F(x)}{1+xF(x)}$$

其中

$$F(x)=\sum_{n=0}^{\infty}n!\ x^n$$

后记

“俯视教育，直面数学，薪传学术，关注文化”是我们数学工作室的16字宗旨，名正则言顺，志同则道合.这是一本众人合力编译成的大书，参编人员多达三十几位.

整个编译工程浩大，由刘培杰数学工作室策划并组织编写，其中译者有：

冯贝叶　许　康　候晋川　陆柱家　陈培德　卢亭鹤
魏力仁　刘裔宏　吴茂贵　陶懋欣　刘尚平　陆　昱
姚景齐　邹建成　张永祺　邵存蓓　郭梦书　王兰新

校者有：

冯贝叶　陆柱家　彭肇藩　沈信耀　李培信　李　浩
陈培德　童　欣　陆　昱　强文久　秦成林　林友明
姚景齐

其中刘裔宏、许康、吴茂贵、魏力仁是我国较早关注美国大学生数学竞赛的译者；冯贝叶先生是本书中承担任务最重的老先生，虽年近七旬，但每天奔波于北京图书馆与中科院之间，并且通过在美国的同学找到了最新的试题；郭梦书博士和田延彦先生解答了部分题目.

许多人现在都在津津乐道于出版业要走出去，我们工作室为什么还要大力引介宣扬舶来品呢？中国社会科学院赵汀阳说得有道理：“现在我们很想说中国话语，但是，光有愿望是不够的，必须创造出有分量有水平的思想.精神领域和物质领域有一点是一样的：一种产品必须有实力才真正有话说，话才能说得下去.”(赵汀阳.直观.福州:福建教育出版社,2000:303)图书是一种精神产品,它有物质外壳,但更重要的是精神的内涵,今天我们的印刷和装帧都与发达国家的水平很接近了,但内容水平却还有一定距离,所以我们当前的主要工作仍然是“请进来”,要“师夷之长技”.按当前国际的评价来讲,中国中等教育中数学教育水平并不弱,按管理学的说法,一只桶能盛多少水关键在那块最短板的长度,我们的最短板在高等教育,其中的数学教育与发达国家相比当然是有所差距.

在本书的出版过程中,钱辰琛编辑付出了很多劳动.自然科学类的图书编辑是很难做的,社会公众对此了解不够,以为催催稿、改改错就可胜任,其实那远远不够,一个理想中的编辑是什么样呢?还是讲一个美国的例子,1921年爱因斯坦在普林斯顿大学做了一场学术讲演,《纽约时报》记者欧文发回了一篇报道.总编辑卡尔·范安达对报道中的一个方程式产生疑问,欧文便请帮助写报道的一位物理学家重新审阅,物理学家肯定地说:“爱因斯坦博士就是这么写的.”可范安达仍不罢休,要求欧文向爱因斯坦本人求证.爱因斯坦看后惊讶地说:“天啊!你们总编辑说得对,是我往黑板上抄写方程式的时候出了错.”当编辑当到这个份才够格,也才真正能够得到社会的认可及相应的声誉.

随着数学工作室出书量的增加,越来越多的读者对工作室日常的工作感到好奇,问你们每天都在忙些什么,这个问题很难回答.

美国女数学家罗宾逊(Julia Robinson)能力超强,她同丈夫同在伯克利大学任教,由于伯克利大学规定夫妇不能在同一系任教,于是统计系为她提供了一个职位,她随职位申请书一同交给人事部门的工作描述,是典型的数学家的一周工作情况:“周一:试图证明定理;周二:试图证明定理;周三:试图证明定理;周四:试图证明定理;周五:定理错误.”

我们工作室的工作与之相仿:约稿,编稿,审稿,改稿,发稿,被或不被读者所接受.

Erica Klarreich曾说:“从现在开始,解决数学中最伟大的问题,你将得到荣誉和财富.”

准备好了吗?开始解题吧!

刘培杰

2014年10月1日于哈工大

哈尔滨工业大学出版社刘培杰数学工作室 已出版(即将出版)图书目录

书　　名	出版时间	定　价	编号
新编中学数学解题方法全书(高中版)上卷	2007—09	38.00	7
新编中学数学解题方法全书(高中版)中卷	2007—09	48.00	8
新编中学数学解题方法全书(高中版)下卷(一)	2007—09	42.00	17
新编中学数学解题方法全书(高中版)下卷(二)	2007—09	38.00	18
新编中学数学解题方法全书(高中版)下卷(三)	2010—06	58.00	73
新编中学数学解题方法全书(初中版)上卷	2008—01	28.00	29
新编中学数学解题方法全书(初中版)中卷	2010—07	38.00	75
新编中学数学解题方法全书(高考复习卷)	2010—01	48.00	67
新编中学数学解题方法全书(高考真题卷)	2010—01	38.00	62
新编中学数学解题方法全书(高考精华卷)	2011—03	68.00	118
新编平面解析几何解题方法全书(专题讲座卷)	2010—01	18.00	61
新编中学数学解题方法全书(自主招生卷)	2013—08	88.00	261
数学眼光透视	2008—01	38.00	24
数学思想领悟	2008—01	38.00	25
数学应用展观	2008—01	38.00	26
数学建模导引	2008—01	28.00	23
数学方法溯源	2008—01	38.00	27
数学史话览胜	2008—01	28.00	28
数学思维技术	2013—09	38.00	260
从毕达哥拉斯到怀尔斯	2007—10	48.00	9
从迪利克雷到维斯卡尔迪	2008—01	48.00	21
从哥德巴赫到陈景润	2008—05	98.00	35
从庞加莱到佩雷尔曼	2011—08	138.00	136
数学解题中的物理方法	2011—06	28.00	114
数学解题的特殊方法	2011—06	48.00	115
中学数学计算技巧	2012—01	48.00	116
中学数学证明方法	2012—01	58.00	117
数学趣题巧解	2012—03	28.00	128
三角形中的角格点问题	2013—01	88.00	207
含参数的方程和不等式	2012—09	28.00	213

哈尔滨工业大学出版社刘培杰数学工作室
已出版(即将出版)图书目录

书　　名	出版时间	定　价	编号
数学奥林匹克与数学文化(第一辑)	2006－05	48.00	4
数学奥林匹克与数学文化(第二辑)(竞赛卷)	2008－01	48.00	19
数学奥林匹克与数学文化(第二辑)(文化卷)	2008－07	58.00	36′
数学奥林匹克与数学文化(第三辑)(竞赛卷)	2010－01	48.00	59
数学奥林匹克与数学文化(第四辑)(竞赛卷)	2011－08	58.00	87
数学奥林匹克与数学文化(第五辑)	2014－09		370

书　　名	出版时间	定　价	编号
发展空间想象力	2010－01	38.00	57
走向国际数学奥林匹克的平面几何试题诠释(上、下)(第1版)	2007－01	68.00	11,12
走向国际数学奥林匹克的平面几何试题诠释(上、下)(第2版)	2010－02	98.00	63,64
平面几何证明方法全书	2007－08	35.00	1
平面几何证明方法全书习题解答(第1版)	2005－10	18.00	2
平面几何证明方法全书习题解答(第2版)	2006－12	18.00	10
平面几何天天练上卷・基础篇(直线型)	2013－01	58.00	208
平面几何天天练中卷・基础篇(涉及圆)	2013－01	28.00	234
平面几何天天练下卷・提高篇	2013－01	58.00	237
平面几何专题研究	2013－07	98.00	258
最新世界各国数学奥林匹克中的平面几何试题	2007－09	38.00	14
数学竞赛平面几何典型题及新颖解	2010－07	48.00	74
初等数学复习及研究(平面几何)	2008－09	58.00	38
初等数学复习及研究(立体几何)	2010－06	38.00	71
初等数学复习及研究(平面几何)习题解答	2009－01	48.00	42
世界著名平面几何经典著作钩沉——几何作图专题卷(上)	2009－06	48.00	49
世界著名平面几何经典著作钩沉——几何作图专题卷(下)	2011－01	88.00	80
世界著名平面几何经典著作钩沉(民国平面几何老课本)	2011－03	38.00	113
世界著名解析几何经典著作钩沉——平面解析几何卷	2014－01	38.00	273
世界著名数论经典著作钩沉(算术卷)	2012－01	28.00	125
世界著名数学经典著作钩沉——立体几何卷	2011－02	28.00	88
世界著名三角学经典著作钩沉(平面三角卷Ⅰ)	2010－06	28.00	69
世界著名三角学经典著作钩沉(平面三角卷Ⅱ)	2011－01	38.00	78
世界著名初等数论经典著作钩沉(理论和实用算术卷)	2011－07	38.00	126
几何学教程(平面几何卷)	2011－03	68.00	90
几何学教程(立体几何卷)	2011－07	68.00	130
几何变换与几何证题	2010－06	88.00	70
计算方法与几何证题	2011－06	28.00	129
立体几何技巧与方法	2014－04	88.00	293
几何瑰宝——平面几何500名题暨1000条定理(上、下)	2010－07	138.00	76,77
三角形的解法与应用	2012－07	18.00	183
近代的三角形几何学	2012－07	48.00	184
一般折线几何学	即将出版	58.00	203
三角形的五心	2009－06	28.00	51
三角形趣谈	2012－08	28.00	212
解三角形	2014－01	28.00	265
三角学专门教程	2014－09	28.00	387
圆锥曲线习题集(上)	2013－06	68.00	255

哈尔滨工业大学出版社刘培杰数学工作室已出版(即将出版)图书目录

书　名	出版时间	定　价	编号
俄罗斯平面几何问题集	2009—08	88.00	55
俄罗斯立体几何问题集	2014—03	58.00	283
俄罗斯几何大师——沙雷金论数学及其他	2014—01	48.00	271
来自俄罗斯的5000道几何习题及解答	2011—03	58.00	89
俄罗斯初等数学问题集	2012—05	38.00	177
俄罗斯函数问题集	2011—03	38.00	103
俄罗斯组合分析问题集	2011—01	48.00	79
俄罗斯初等数学万题选——三角卷	2012—11	38.00	222
俄罗斯初等数学万题选——代数卷	2013—08	68.00	225
俄罗斯初等数学万题选——几何卷	2014—01	68.00	226
463个俄罗斯几何老问题	2012—01	28.00	152
近代欧氏几何学	2012—03	48.00	162
罗巴切夫斯基几何学及几何基础概要	2012—07	28.00	188

书　名	出版时间	定　价	编号
超越吉米多维奇——数列的极限	2009—11	48.00	58
Barban Davenport Halberstam 均值和	2009—01	40.00	33
初等数论难题集(第一卷)	2009—05	68.00	44
初等数论难题集(第二卷)(上、下)	2011—02	128.00	82,83
谈谈素数	2011—03	18.00	91
平方和	2011—03	18.00	92
数论概貌	2011—03	18.00	93
代数数论(第二版)	2013—08	58.00	94
代数多项式	2014—06	38.00	289
初等数论的知识与问题	2011—02	28.00	95
超越数论基础	2011—03	28.00	96
数论初等教程	2011—03	28.00	97
数论基础	2011—03	18.00	98
数论基础与维诺格拉多夫	2014—03	18.00	292
解析数论基础	2012—08	28.00	216
解析数论基础(第二版)	2014—01	48.00	287
解析数论问题集(第二版)	2014—05	88.00	343
解析几何研究	2015—01	38.00	425
数论入门	2011—03	38.00	99
数论开篇	2012—07	28.00	194
解析数论引论	2011—03	48.00	100
复变函数引论	2013—10	68.00	269
无穷分析引论(上)	2013—04	88.00	247
无穷分析引论(下)	2013—04	98.00	245

哈尔滨工业大学出版社刘培杰数学工作室
已出版(即将出版)图书目录

书　　名	出版时间	定　价	编号
数学分析	2014－04	28.00	338
数学分析中的一个新方法及其应用	2013－01	38.00	231
数学分析例选:通过范例学技巧	2013－01	88.00	243
三角级数论(上册)(陈建功)	2013－01	38.00	232
三角级数论(下册)(陈建功)	2013－01	48.00	233
三角级数论(哈代)	2013－06	48.00	254
基础数论	2011－03	28.00	101
超越数	2011－03	18.00	109
三角和方法	2011－03	18.00	112
谈谈不定方程	2011－05	28.00	119
整数论	2011－05	38.00	120
随机过程(Ⅰ)	2014－01	78.00	224
随机过程(Ⅱ)	2014－01	68.00	235
整数的性质	2012－11	38.00	192
初等数论 100 例	2011－05	18.00	122
初等数论经典例题	2012－07	18.00	204
最新世界各国数学奥林匹克中的初等数论试题(上、下)	2012－01	138.00	144,145
算术探索	2011－12	158.00	148
初等数论(Ⅰ)	2012－01	18.00	156
初等数论(Ⅱ)	2012－01	18.00	157
初等数论(Ⅲ)	2012－01	28.00	158
组合数学	2012－04	28.00	178
组合数学浅谈	2012－03	28.00	159
同余理论	2012－05	38.00	163
丢番图方程引论	2012－03	48.00	172
平面几何与数论中未解决的新老问题	2013－01	68.00	229
线性代数大题典	2014－07	88.00	351
法雷级数	2014－08	18.00	367
代数数论简史	2014－11	28.00	408
历届美国中学生数学竞赛试题及解答(第一卷)1950－1954	2014－07	18.00	277
历届美国中学生数学竞赛试题及解答(第二卷)1955－1959	2014－04	18.00	278
历届美国中学生数学竞赛试题及解答(第三卷)1960－1964	2014－06	18.00	279
历届美国中学生数学竞赛试题及解答(第四卷)1965－1969	2014－04	28.00	280
历届美国中学生数学竞赛试题及解答(第五卷)1970－1972	2014－06	18.00	281
历届美国中学生数学竞赛试题及解答(第七卷)1981－1986	2015－01	18.00	424

哈尔滨工业大学出版社刘培杰数学工作室已出版(即将出版)图书目录

书　　名	出版时间	定　价	编号
历届 IMO 试题集(1959—2005)	2006－05	58.00	5
历届 CMO 试题集	2008－09	28.00	40
历届中国数学奥林匹克试题集	2014－10	38.00	394
历届加拿大数学奥林匹克试题集	2012－08	38.00	215
历届美国数学奥林匹克试题集:多解推广加强	2012－08	38.00	209
保加利亚数学奥林匹克	2014－10	38.00	393
圣彼得堡数学竞赛试题集	2015－01	48.00	429
历届国际大学生数学竞赛试题集(1994—2010)	2012－01	28.00	143
全国大学生数学夏令营数学竞赛试题及解答	2007－03	28.00	15
全国大学生数学竞赛辅导教程	2012－07	28.00	189
全国大学生数学竞赛复习全书	2014－04	48.00	340
历届美国大学生数学竞赛试题集	2009－03	88.00	43
前苏联大学生数学奥林匹克竞赛题解(上编)	2012－04	28.00	169
前苏联大学生数学奥林匹克竞赛题解(下编)	2012－04	38.00	170
历届美国数学邀请赛试题集	2014－01	48.00	270
全国高中数学竞赛试题及解答. 第 1 卷	2014－07	38.00	331
大学生数学竞赛讲义	2014－09	28.00	371
高考数学临门一脚(含密押三套卷)(理科版)	2015－01	24.80	421
高考数学临门一脚(含密押三套卷)(文科版)	2015－01	24.80	422
整函数	2012－08	18.00	161
多项式和无理数	2008－01	68.00	22
模糊数据统计学	2008－03	48.00	31
模糊分析学与特殊泛函空间	2013－01	68.00	241
受控理论与解析不等式	2012－05	78.00	165
解析不等式新论	2009－06	68.00	48
反问题的计算方法及应用	2011－11	28.00	147
建立不等式的方法	2011－03	98.00	104
数学奥林匹克不等式研究	2009－08	68.00	56
不等式研究(第二辑)	2012－02	68.00	153
初等数学研究(Ⅰ)	2008－09	68.00	37
初等数学研究(Ⅱ)(上、下)	2009－05	118.00	46,47
中国初等数学研究　2009 卷(第 1 辑)	2009－05	20.00	45
中国初等数学研究　2010 卷(第 2 辑)	2010－05	30.00	68
中国初等数学研究　2011 卷(第 3 辑)	2011－07	60.00	127
中国初等数学研究　2012 卷(第 4 辑)	2012－07	48.00	190
中国初等数学研究　2014 卷(第 5 辑)	2014－02	48.00	288
数阵及其应用	2012－02	28.00	164
绝对值方程—折边与组合图形的解析研究	2012－07	48.00	186
不等式的秘密(第一卷)	2012－02	28.00	154
不等式的秘密(第一卷)(第 2 版)	2014－02	38.00	286
不等式的秘密(第二卷)	2014－01	38.00	268

哈尔滨工业大学出版社刘培杰数学工作室已出版(即将出版)图书目录

书 名	出版时间	定 价	编号
初等不等式的证明方法	2010－06	38.00	123
初等不等式的证明方法(第二版)	2014－11	38.00	407
数学奥林匹克在中国	2014－06	98.00	344
数学奥林匹克问题集	2014－01	38.00	267
数学奥林匹克不等式散论	2010－06	38.00	124
数学奥林匹克不等式欣赏	2011－09	38.00	138
数学奥林匹克超级题库(初中卷上)	2010－01	58.00	66
数学奥林匹克不等式证明方法和技巧(上、下)	2011－08	158.00	134,135
近代拓扑学研究	2013－04	38.00	239
新编 640 个世界著名数学智力趣题	2014－01	88.00	242
500 个最新世界著名数学智力趣题	2008－06	48.00	3
400 个最新世界著名数学最值问题	2008－09	48.00	36
500 个世界著名数学征解问题	2009－06	48.00	52
400 个中国最佳初等数学征解老问题	2010－01	48.00	60
500 个俄罗斯数学经典老题	2011－01	28.00	81
1000 个国外中学物理好题	2012－04	48.00	174
300 个日本高考数学题	2012－05	38.00	142
500 个前苏联早期高考数学试题及解答	2012－05	28.00	185
546 个早期俄罗斯大学生数学竞赛题	2014－03	38.00	285
548 个来自美苏的数学好问题	2014－11	28.00	396
博弈论精粹	2008－03	58.00	30
数学 我爱你	2008－01	28.00	20
精神的圣徒 别样的人生——60 位中国数学家成长的历程	2008－09	48.00	39
数学史概论	2009－06	78.00	50
数学史概论(精装)	2013－03	158.00	272
斐波那契数列	2010－02	28.00	65
数学拼盘和斐波那契魔方	2010－07	38.00	72
斐波那契数列欣赏	2011－01	28.00	160
数学的创造	2011－02	48.00	85
数学中的美	2011－02	38.00	84
王连笑教你怎样学数学——高考选择题解题策略与客观题实用训练	2014－01	48.00	262
最新全国及各省市高考数学试卷解法研究及点拨评析	2009－02	38.00	41
高考数学的理论与实践	2009－08	38.00	53
中考数学专题总复习	2007－04	28.00	6
向量法巧解数学高考题	2009－08	28.00	54
高考数学核心题型解题方法与技巧	2010－01	28.00	86
高考思维新平台	2014－03	38.00	259
数学解题——靠数学思想给力(上)	2011－07	38.00	131
数学解题——靠数学思想给力(中)	2011－07	48.00	132
数学解题——靠数学思想给力(下)	2011－07	38.00	133
我怎样解题	2013－01	48.00	227
和高中生漫谈:数学与哲学的故事	2014－08	28.00	369

哈尔滨工业大学出版社刘培杰数学工作室已出版(即将出版)图书目录

书　　名	出版时间	定　价	编号
2011年全国及各省市高考数学试题审题要津与解法研究	2011－10	48.00	139
2013年全国及各省市高考数学试题解析与点评	2014－01	48.00	282
新课标高考数学——五年试题分章详解(2007～2011)(上、下)	2011－10	78.00	140,141
30分钟拿下高考数学选择题、填空题	2012－01	48.00	146
全国中考数学压轴题审题要津与解法研究	2013－04	78.00	248
新编全国及各省市中考数学压轴题审题要津与解法研究	2014－05	58.00	342
高考数学压轴题解题诀窍(上)	2012－02	78.00	166
高考数学压轴题解题诀窍(下)	2012－03	28.00	167

书　　名	出版时间	定　价	编号
格点和面积	2012－07	18.00	191
射影几何趣谈	2012－04	28.00	175
斯潘纳尔引理——从一道加拿大数学奥林匹克试题谈起	2014－01	18.00	228
李普希兹条件——从几道近年高考数学试题谈起	2012－10	18.00	221
拉格朗日中值定理——从一道北京高考试题的解法谈起	2012－10	18.00	197
闵科夫斯基定理——从一道清华大学自主招生试题谈起	2014－01	28.00	198
哈尔测度——从一道冬令营试题的背景谈起	2012－08	28.00	202
切比雪夫逼近问题——从一道中国台北数学奥林匹克试题谈起	2013－04	38.00	238
伯恩斯坦多项式与贝齐尔曲面——从一道全国高中数学联赛试题谈起	2013－03	38.00	236
卡塔兰猜想——从一道普特南竞赛试题谈起	2013－06	18.00	256
麦卡锡函数和阿克曼函数——从一道前南斯拉夫数学奥林匹克试题谈起	2012－08	18.00	201
贝蒂定理与拉姆贝克莫斯尔定理——从一个拣石子游戏谈起	2012－08	18.00	217
皮亚诺曲线和豪斯道夫分球定理——从无限集谈起	2012－08	18.00	211
平面凸图形与凸多面体	2012－10	28.00	218
斯坦因豪斯问题——从一道二十五省市自治区中学数学竞赛试题谈起	2012－07	18.00	196
纽结理论中的亚历山大多项式与琼斯多项式——从一道北京市高一数学竞赛试题谈起	2012－07	28.00	195
原则与策略——从波利亚"解题表"谈起	2013－04	38.00	244
转化与化归——从三大尺规作图不能问题谈起	2012－08	28.00	214
代数几何中的贝祖定理(第一版)——从一道IMO试题的解法谈起	2013－08	38.00	193
成功连贯理论与约当块理论——从一道比利时数学竞赛试题谈起	2012－04	18.00	180
磨光变换与范·德·瓦尔登猜想——从一道环球城市竞赛试题谈起	即将出版		
素数判定与大数分解	2014－08	18.00	199
置换多项式及其应用	2012－10	18.00	220
椭圆函数与模函数——从一道美国加州大学洛杉矶分校(UCLA)博士资格考题谈起	2012－10	38.00	219
差分方程的拉格朗日方法——从一道2011年全国高考理科试题的解法谈起	2012－08	28.00	200

哈尔滨工业大学出版社刘培杰数学工作室已出版(即将出版)图书目录

书　名	出版时间	定　价	编号
力学在几何中的一些应用	2013-01	38.00	240
高斯散度定理、斯托克斯定理和平面格林定理——从一道国际大学生数学竞赛试题谈起	即将出版		
康托洛维奇不等式——从一道全国高中联赛试题谈起	2013-03	28.00	337
西格尔引理——从一道第 18 届 IMO 试题的解法谈起	即将出版		
罗斯定理——从一道前苏联数学竞赛试题谈起	即将出版		
拉克斯定理和阿廷定理——从一道 IMO 试题的解法谈起	2014-01	58.00	246
毕卡大定理——从一道美国大学数学竞赛试题谈起	2014-07	18.00	350
贝齐尔曲线——从一道全国高中联赛试题谈起	即将出版		
拉格朗日乘子定理——从一道 2005 年全国高中联赛试题谈起	即将出版		
雅可比定理——从一道日本数学奥林匹克试题谈起	2013-04	48.00	249
李天岩-约克定理——从一道波兰数学竞赛试题谈起	2014-06	28.00	349
整系数多项式因式分解的一般方法——从克朗耐克算法谈起	即将出版		
布劳维不动点定理——从一道前苏联数学奥林匹克试题谈起	2014-01	38.00	273
压缩不动点定理——从一道高考数学试题的解法谈起	即将出版		
伯恩赛德定理——从一道英国数学奥林匹克试题谈起	即将出版		
布查特-莫斯特定理——从一道上海市初中竞赛试题谈起	即将出版		
数论中的同余数问题——从一道普特南竞赛试题谈起	即将出版		
范·德蒙行列式——从一道美国数学奥林匹克试题谈起	即将出版		
中国剩余定理——从一道美国数学奥林匹克试题的解法谈起	即将出版		
牛顿程序与方程求根——从一道全国高考试题解法谈起	即将出版		
库默尔定理——从一道 IMO 预选试题谈起	即将出版		
卢丁定理——从一道冬令营试题的解法谈起	即将出版		
沃斯滕霍姆定理——从一道 IMO 预选试题谈起	即将出版		
卡尔松不等式——从一道莫斯科数学奥林匹克试题谈起	即将出版		
信息论中的香农熵——从一道近年高考压轴题谈起	即将出版		
约当不等式——从一道希望杯竞赛试题谈起	即将出版		
拉比诺维奇定理	即将出版		
刘维尔定理——从一道《美国数学月刊》征解问题的解法谈起	即将出版		
卡塔兰恒等式与级数求和——从一道 IMO 试题的解法谈起	即将出版		
勒让德猜想与素数分布——从一道爱尔兰竞赛试题谈起	即将出版		
天平称重与信息论——从一道基辅市数学奥林匹克试题谈起	即将出版		
哈密尔顿-凯莱定理:从一道高中数学联赛试题的解法谈起	2014-09	18.00	376
艾思特曼定理——从一道 CMO 试题的解法谈起	即将出版		

哈尔滨工业大学出版社刘培杰数学工作室已出版(即将出版)图书目录

书　名	出版时间	定　价	编号
一个爱尔特希问题——从一道西德数学奥林匹克试题谈起	即将出版		
有限群中的爱丁格尔问题——从一道北京市初中二年级数学竞赛试题谈起	即将出版		
贝克码与编码理论——从一道全国高中联赛试题谈起	即将出版		
帕斯卡三角形	2014－03	18.00	294
蒲丰投针问题——从 2009 年清华大学的一道自主招生试题谈起	2014－01	38.00	295
斯图姆定理——从一道"华约"自主招生试题的解法谈起	2014－01	18.00	296
许瓦兹引理——从一道加利福尼亚大学伯克利分校数学系博士生试题谈起	2014－08	18.00	297
拉格朗日中值定理——从一道北京高考试题的解法谈起	2014－01		298
拉姆塞定理——从王诗宬院士的一个问题谈起	2014－01		299
坐标法	2013－12	28.00	332
数论三角形	2014－04	38.00	341
毕克定理	2014－07	18.00	352
数林掠影	2014－09	48.00	389
我们周围的概率	2014－10	38.00	390
凸函数最值定理:从一道华约自主招生题的解法谈起	2014－10	28.00	391
易学与数学奥林匹克	2014－10	38.00	392
生物数学趣谈	2015－01	18.00	409
反演	2015－01		420
因式分解与圆锥曲线	2015－01	18.00	426
轨迹	2015－01	28.00	427
中等数学英语阅读文选	2006－12	38.00	13
统计学专业英语	2007－03	28.00	16
统计学专业英语(第二版)	2012－07	48.00	176
幻方和魔方(第一卷)	2012－05	68.00	173
尘封的经典——初等数学经典文献选读(第一卷)	2012－07	48.00	205
尘封的经典——初等数学经典文献选读(第二卷)	2012－07	38.00	206
实变函数论	2012－06	78.00	181
非光滑优化及其变分分析	2014－01	48.00	230
疏散的马尔科夫链	2014－01	58.00	266
初等微分拓扑学	2012－07	18.00	182
方程式论	2011－03	38.00	105
初级方程式论	2011－03	28.00	106
Galois 理论	2011－03	18.00	107
古典数学难题与伽罗瓦理论	2012－11	58.00	223
伽罗华与群论	2014－01	28.00	290
代数方程的根式解及伽罗瓦理论	2011－03	28.00	108
代数方程的根式解及伽罗瓦理论(第二版)	2015－01	28.00	423
线性偏微分方程讲义	2011－03	18.00	110
N 体问题的周期解	2011－03	28.00	111
代数方程式论	2011－05	18.00	121
动力系统的不变量与函数方程	2011－07	48.00	137
基于短语评价的翻译知识获取	2012－02	48.00	168

哈尔滨工业大学出版社刘培杰数学工作室已出版(即将出版)图书目录

书　名	出版时间	定　价	编号
应用随机过程	2012-04	48.00	187
概率论导引	2012-04	18.00	179
矩阵论(上)	2013-06	58.00	250
矩阵论(下)	2013-06	48.00	251
趣味初等方程妙题集锦	2014-09	48.00	388
对称锥互补问题的内点法:理论分析与算法实现	2014-08	68.00	368
抽象代数:方法导引	2013-06	38.00	257
闵嗣鹤文集	2011-03	98.00	102
吴从炘数学活动三十年(1951~1980)	2010-07	99.00	32
函数论	2014-11	78.00	395
吴振奎高等数学解题真经(概率统计卷)	2012-01	38.00	149
吴振奎高等数学解题真经(微积分卷)	2012-01	68.00	150
吴振奎高等数学解题真经(线性代数卷)	2012-01	58.00	151
高等数学解题全攻略(上卷)	2013-06	58.00	252
高等数学解题全攻略(下卷)	2013-06	58.00	253
高等数学复习纲要	2014-01	18.00	384
钱昌本教你快乐学数学(上)	2011-12	48.00	155
钱昌本教你快乐学数学(下)	2012-03	58.00	171
数贝偶拾——高考数学题研究	2014-04	28.00	274
数贝偶拾——初等数学研究	2014-04	38.00	275
数贝偶拾——奥数题研究	2014-04	48.00	276
集合、函数与方程	2014-01	28.00	300
数列与不等式	2014-01	38.00	301
三角与平面向量	2014-01	28.00	302
平面解析几何	2014-01	38.00	303
立体几何与组合	2014-01	28.00	304
极限与导数、数学归纳法	2014-01	38.00	305
趣味数学	2014-03	28.00	306
教材教法	2014-04	68.00	307
自主招生	2014-05	58.00	308
高考压轴题(上)	2014-11	48.00	309
高考压轴题(下)	2014-10	68.00	310
从费马到怀尔斯——费马大定理的历史	2013-10	198.00	Ⅰ
从庞加莱到佩雷尔曼——庞加莱猜想的历史	2013-10	298.00	Ⅱ
从切比雪夫到爱尔特希(上)——素数定理的初等证明	2013-07	48.00	Ⅲ
从切比雪夫到爱尔特希(下)——素数定理 100 年	2012-12	98.00	Ⅲ
从高斯到盖尔方特——二次域的高斯猜想	2013-10	198.00	Ⅳ
从库默尔到朗兰兹——朗兰兹猜想的历史	2014-01	98.00	Ⅴ
从比勃巴赫到德布朗斯——比勃巴赫猜想的历史	2014-02	298.00	Ⅵ
从麦比乌斯到陈省身——麦比乌斯变换与麦比乌斯带	2014-02	298.00	Ⅶ
从布尔到豪斯道夫——布尔方程与格论漫谈	2013-10	198.00	Ⅷ
从开普勒到阿诺德——三体问题的历史	2014-05	298.00	Ⅸ
从华林到华罗庚——华林问题的历史	2013-10	298.00	Ⅹ

哈尔滨工业大学出版社刘培杰数学工作室 已出版(即将出版)图书目录

书　名	出版时间	定　价	编号
三角函数	2014－01	38.00	311
不等式	2014－01	28.00	312
方程	2014－01	28.00	314
数列	2014－01	38.00	313
排列和组合	2014－01	28.00	315
极限与导数	2014－01	28.00	316
向量	2014－09	38.00	317
复数及其应用	2014－08	28.00	318
函数	2014－01	38.00	319
集合	即将出版		320
直线与平面	2014－01	28.00	321
立体几何	2014－04	28.00	322
解三角形	即将出版		323
直线与圆	2014－01	28.00	324
圆锥曲线	2014－01	38.00	325
解题通法(一)	2014－07	38.00	326
解题通法(二)	2014－07	38.00	327
解题通法(三)	2014－05	38.00	328
概率与统计	2014－01	28.00	329
信息迁移与算法	即将出版		330

书　名	出版时间	定　价	编号
第19～23届"希望杯"全国数学邀请赛试题审题要津详细评注(初一版)	2014－03	28.00	333
第19～23届"希望杯"全国数学邀请赛试题审题要津详细评注(初二、初三版)	2014－03	38.00	334
第19～23届"希望杯"全国数学邀请赛试题审题要津详细评注(高一版)	2014－03	28.00	335
第19～23届"希望杯"全国数学邀请赛试题审题要津详细评注(高二版)	2014－03	38.00	336
第19～25届"希望杯"全国数学邀请赛试题审题要津详细评注(初一版)	2015－01	38.00	416
第19～25届"希望杯"全国数学邀请赛试题审题要津详细评注(初二、初三版)	2015－01	58.00	417
第19～25届"希望杯"全国数学邀请赛试题审题要津详细评注(高一版)	2015－01	48.00	418
第19～25届"希望杯"全国数学邀请赛试题审题要津详细评注(高二版)	2015－01	48.00	419
物理奥林匹克竞赛大题典——力学卷	2014－11	48.00	405
物理奥林匹克竞赛大题典——热学卷	2014－04	28.00	339
物理奥林匹克竞赛大题典——电磁学卷	即将出版		406
物理奥林匹克竞赛大题典——光学与近代物理卷	2014－06	28.00	345

书　名	出版时间	定　价	编号
历届中国东南地区数学奥林匹克试题集(2004～2012)	2014－06	18.00	346
历届中国西部地区数学奥林匹克试题集(2001～2012)	2014－07	18.00	347
历届中国女子数学奥林匹克试题集(2002～2012)	2014－08	18.00	348

哈尔滨工业大学出版社刘培杰数学工作室 已出版(即将出版)图书目录

书　名	出版时间	定　价	编号
几何变换(Ⅰ)	2014－07	28.00	353
几何变换(Ⅱ)	即将出版		354
几何变换(Ⅲ)	即将出版		355
几何变换(Ⅳ)	即将出版		356
美国高中数学竞赛五十讲.第1卷(英文)	2014－08	28.00	357
美国高中数学竞赛五十讲.第2卷(英文)	2014－08	28.00	358
美国高中数学竞赛五十讲.第3卷(英文)	2014－09	28.00	359
美国高中数学竞赛五十讲.第4卷(英文)	2014－09	28.00	360
美国高中数学竞赛五十讲.第5卷(英文)	2014－10	28.00	361
美国高中数学竞赛五十讲.第6卷(英文)	2014－11	28.00	362
美国高中数学竞赛五十讲.第7卷(英文)	2014－12	28.00	363
美国高中数学竞赛五十讲.第8卷(英文)	即将出版		364
美国高中数学竞赛五十讲.第9卷(英文)	即将出版		365
美国高中数学竞赛五十讲.第10卷(英文)	即将出版		366
IMO 50年.第1卷(1959－1963)	2014－11	28.00	377
IMO 50年.第2卷(1964－1968)	2014－11	28.00	378
IMO 50年.第3卷(1969－1973)	2014－09	28.00	379
IMO 50年.第4卷(1974－1978)	即将出版		380
IMO 50年.第5卷(1979－1983)	即将出版		381
IMO 50年.第6卷(1984－1988)	即将出版		382
IMO 50年.第7卷(1989－1993)	即将出版		383
IMO 50年.第8卷(1994－1998)	即将出版		384
IMO 50年.第9卷(1999－2003)	即将出版		385
IMO 50年.第10卷(2004－2008)	即将出版		386
历届美国大学生数学竞赛试题集.第一卷(1938—1949)	2015－01	28.00	397
历届美国大学生数学竞赛试题集.第二卷(1950—1959)	即将出版		398
历届美国大学生数学竞赛试题集.第三卷(1960—1969)	2015－01	28.00	399
历届美国大学生数学竞赛试题集.第四卷(1970—1979)	即将出版		400
历届美国大学生数学竞赛试题集.第五卷(1980—1989)	2015－01	28.00	401
历届美国大学生数学竞赛试题集.第六卷(1990—1999)	2015－01	28.00	402
历届美国大学生数学竞赛试题集.第七卷(2000—2009)	即将出版		403
历届美国大学生数学竞赛试题集.第八卷(2010—2012)	2015－01	18.00	404

哈尔滨工业大学出版社刘培杰数学工作室已出版(即将出版)图书目录

书　　名	出版时间	定　价	编号
新课标高考数学创新题解题诀窍:总论	2014-09	28.00	372
新课标高考数学创新题解题诀窍:必修1～5分册	2014-08	38.00	373
新课标高考数学创新题解题诀窍:选修2-1,2-2,1-1,1-2分册	2014-09	38.00	374
新课标高考数学创新题解题诀窍:选修2-3,4-4,4-5分册	2014-09	18.00	375
全国重点大学自主招生英文数学试题全攻略:词汇卷	即将出版		410
全国重点大学自主招生英文数学试题全攻略:概念卷	2015-01	28.00	411
全国重点大学自主招生英文数学试题全攻略:文章选读卷(上)	即将出版		412
全国重点大学自主招生英文数学试题全攻略:文章选读卷(下)	即将出版		413
全国重点大学自主招生英文数学试题全攻略:试题卷	即将出版		414
全国重点大学自主招生英文数学试题全攻略:名著欣赏卷	即将出版		415
数学王者　科学巨人——高斯	2015-01	28.00	428
数学公主——科瓦列夫斯卡娅	即将出版		
数学怪侠——爱尔特希	即将出版		
电脑先驱——图灵	即将出版		
闪烁奇星——伽罗瓦	即将出版		

联系地址:哈尔滨市南岗区复华四道街10号　哈尔滨工业大学出版社刘培杰数学工作室

网　　址:http://lpj.hit.edu.cn/

邮　　编:150006

联系电话:0451-86281378　　13904613167

E-mail:lpj1378@163.com